U0890843

宋晓平 编著

数学教育学

MATHEMATICS PEDAGOGY

江苏大学出版社
JIANGSU UNIVERSITY PRESS
镇　江

图书在版编目(CIP)数据

数学教育学 / 宋晓平编著. -- 镇江 : 江苏大学出版社，2020.12
ISBN 978-7-5684-1513-2

Ⅰ. ①数… Ⅱ. ①宋… Ⅲ. ①数学教学一教育学 Ⅳ. ①O1-4

中国版本图书馆 CIP 数据核字(2020)第 272808 号

数学教育学
Shuxue Jiaoyuxue

编　　著/宋晓平
责任编辑/张小琴
出版发行/江苏大学出版社
地　　址/江苏省镇江市梦溪园巷 30 号(邮编：212003)
电　　话/0511-84446464(传真)
网　　址/http://press.ujs.edu.cn
排　　版/镇江市江东印刷有限责任公司
印　　刷/镇江文苑制版印刷有限责任公司
开　　本/710 mm×1 000 mm　1/16
印　　张/11.25
字　　数/166 千字
版　　次/2020 年 12 月第 1 版
印　　次/2020 年 12 月第 1 次印刷
书　　号/ISBN 978-7-5684-1513-2
定　　价/48.00 元

如有印装质量问题请与本社营销部联系(电话:0511-84440882)

前　言

江苏大学数学与应用数学（师范）专业教师在课程建设与课程实施的基础上，历经多年探索，构建了知识重构与体验内化的师范生创新实践能力培养的主干课程群。该课程群包括“数学教育学”、“数学教师基本技能训练”、“数学教师高级技能训练”、“数学教学设计”（理论和实践）、“数学课程标准研究与教材分析”（理论和实践）、“教育见习”、“教育研习”、“教育实习”等，可分为理论课程、“理论+实践”课程和实践课程三类。其中，“数学教育学”是数学教师教育课程体系的核心，也是侧重于理论教学的课程。

根据本专业人才培养特点，本书在课程体系和内容上强化了师范生对数学和数学本质的辩证理解、对作为教育任务的数学的理解，以及对数学教育理论和数学课堂的研究；结合新时代背景下对卓越数学教师培养的要求，新增了数学教育中课程思政的内容，旨在引导师范生理解课程思政的内涵与价值，加强师范生利用课程思政的能力，并使其学会在日常教学中实施课程思政的方法与策略。

本书包括八个章节。第一章介绍什么是数学、数学的本质和特点、什么是作为教育任务的数学，分析不同时代的哲学家、数学家对数学和数学本质的理解，阐述作为教育任务的数学与科学数学之间的关系。第二章介绍数学思维与数学教学，目的是让师范生理解“数学是思维的科学”“数学教育要促进学生数学思维的发展”。第三章介绍课程思政的相关理论，促进师范生理解课程思政，在未来的教学实践中践行课程思政。第四章和第五章分别延续了传统数学教学的课程理论和教学理论。第六章和第七章对数学课堂学习理论和问题驱动的学习动力系统进行理论阐述和案例分析，将理论研究成果直接应用于人才培养的探索。第八章对教学模式、数学教学模式及我国教育改革实践中形成的数学教学模式进行介绍，让师范生感悟“理论源于实践”并在实践中提炼与升华。其中，第一章由冯志刚执笔，第二、四、五、六、八章由宋晓平执笔，第三章由高安娜执笔，第七章由钱骁勇执笔。

本书是数学与应用数学（师范）专业教学改革与课程建设的成果积累，对普通高等院校的人才培养有一定的借鉴意义。本书在编写过程中引用了一些文献，在此对这些文献的作者深表感谢。

由于作者水平有限，书中难免存在疏漏和不足之处，恳请广大读者批评指正。

目　录

第一章　数学和作为教育任务的数学

作为教育任务的数学和科学数学，不仅在难度和深度上存在差异，而且在活动任务、内容特点、存在形式等方面有着本质的不同。同时，它们相互作用、相互影响。

第一节　数学及其本质和特点

1. 什么是数学

数学是人们熟悉的一门科学。人们几乎每天都在运用数学知识进行各种计量活动和解决各类问题。但要让他们认真回答“什么是数学?”，就算是数学家们也很难有一个统一的认识。

“逻辑之父”亚里士多德曾说：“数学是计量的科学。”后来法国哲学家孔德将其改成：“数学是间接计量的科学。”笛卡儿则将数学说成是解释所有我们能够知道的顺序和度量的一门普遍科学。

19 世纪下半叶，人们根据恩格斯的思想为数学下了一个经典的定义：“数学是研究数量关系和空间形式的科学。”而后，又有人根据自己的认识和见解为数学作出了各种各样的定义。英国数学家、逻辑学家怀特海（Whitehead）及我国数学家徐利治认为：数学是研究模式的科学。法国的布尔巴基学派则认为：数学是研究抽象结构的理论。形、模式、结构最终都属于量的范畴，或者说，都可划归为量的范畴，因而我国数学家胡定国给出的定义最简单：数学是研究纯量的科学。丁石孙认为“数学的研究对象是客观世界的和逻辑可能的数量关系和结构关系”的说法更贴切些。当然，关于这一问题还有许多其他说法，如“数学是关于关系系统的科学”“数学是研究无穷的科学”

等。其中，最具意味的是现代数学家柯恩（P. Choen）所说的“数学只是一种纯粹的符号游戏”和罗素（Russell）所言的“数学是这样一门学科，在其中我们永远不会知道我们所讲的是什么，也不会知道我们所说的是不是真的”。

数学家们分别为“数学”作出了他们自认为满意的定义，这些定义并不都是等同的，它们都只能近似地反映出数学这门科学当时所处的状态和某些侧面的性质与特点，其中任何一个定义都不能作为“数学”的准确、永恒的定义。著名数学家柯朗（R. Courant）似乎认清了这点，在他写的一本名为 *What Is Mathematics*? 的书中也不见他对“数学”作过任何定义，而仅对数学的基本内容做了较为全面的介绍。他的意思是，不必过于认真地问“何谓数学?”，只需知道数学讲些什么东西就可以了。

2. 数学的本质

数学的本质，即数学的根本性质。对数学本质的认识是数学认识的一个根本性问题，也是数学教育的一个根本性问题，历来为数学家尤其为数学哲学家所重视。

(1) 哲学家对数学本质的认识

在数学哲学史上最早讨论数学本质的是古希腊哲学家柏拉图(Plato)，他在《理想国》中提出认识数学本质的 4 个阶段。他认为，数学是从感性认识到理性认识的一个阶梯，是一种理智认识。这是柏拉图对数学知识在数学本质认识中的定位，也是第一次触及数学的本质问题。

17 世纪，英国经验论哲学家洛克（John Locke）在批判笛卡儿的天赋观念中建立起他的唯物主义经验论，表述了数学经验论观点。德国哲学家、数学家莱布尼茨（Wilhelm Leibniz）在建立自己的“唯理论”哲学中，阐述了“唯理论”的数学哲学观。他认为：“全部算术和全部几何学都是天赋的。”数学只要依靠矛盾原则就可以证明全部算术和几何，数学属于推理真理。他否认数学知识具有经验性。德国哲学家康德（Kant）为了克服唯理论与经验论的片面性，运用自己的“先验论”哲学，从判断的分类入手，认为数学是“先验综合判断”。

继康德之后，数学的发展达到了一个新高潮，其主要特点是具有“公理化”倾向。这一倾向使大多数数学家形成一种共识——“数学是一门演绎科学”。这种观点的典型代表是数学基础学派中的逻辑主义和形式主义。前者把数学归结为逻辑，后者把数学看作符号。哥德尔的不完全性定理表明了公理系统的局限性及演绎论的片面性，这使得一些数学家开始怀疑“数学是一门演绎科学”的观点，提出“数学是一门有经验根据的科学”，但并不排除使用演绎法。这引起了一场来自数学家的关于数学本质的讨论。

拉卡托斯（Lakatos）为了避免数学演绎论与经验论的片面性，从分析数学理论的结构入手，提出“数学是一门拟经验科学”。他说：“从总体上看，按欧几里得方式重组数学也许是不可能的，至少最有意义的数学理论像自然科学理论一样，是拟经验的。”

我国学者林夏水认为：① 作为经验的数学知识是通过解决问题而积累的，而提出问题和解决问题需要计算；② 对数学一般方法（公式、原理、法则等）的概括不仅需要计算（包括使用计算机），也需要采用观察、实验和演绎等方法。因此，“演”（演绎）与“算”（计算和算法）反映了数学研究的特点，构成了数学发展的一对基本矛盾。所以，“数学是一门演算科学”。

对数学本质的认识是随着数学的发展而发展的，我们不能要求经验说法（欧几里得以前）把演绎性概括为数学的本质属性。因此，在当时数学发展的实际背景下，经验说法好像没有什么缺陷；形式倾向说法只注意当时形式化倾向的强大渲染力，而忽视了数学的经验性特点；演算说法注意到了计算机在数学中的广泛应用和强大功能，也未忽视数学结构的演绎性和作为数学起源的算法思想。然而，首要问题是，演绎是论证思维，对已知结论进行整理、对猜想进行论证，那么仅用“计算”能概括由直觉、归纳及类比等方法发现数学知识的思维过程吗？在以知识创新为主旋律的今天，数学知识的发明和发现尤为重要，那么“演算”能揭示数学强大创新功能之特性吗？其次，既然哥德尔不完全性定理已经动摇了按演绎构成的数学知识体系的绝对严密性，当越来越多的人认识到数学知识的形式化不利于培养创新能力时，数学知识还一定要按形式逻辑编排、按演绎体系展开吗？最后，数学发展史证明，推动数学发展的主要动力是归纳而不是演绎。

(2) 对数学本质的认识方法

有史以来，为什么没有一种令人满意的关于数学本质的概括？原因何在？或者说，究竟应该怎样去理解和认识数学的本质？

对数学本质的认识依赖于数学发展的阶段，具有时效性，这在前面已经讲述过。如果要给数学的本质下一个涵盖各个发展时期的定义，那么它必定是“过去时态”。如果预见和先知也可以说是对数学发展规律的认识，那么其也只能由以后的数学事实来检验。对数学本质的认识是一个动态的过程。

从广泛社会意义的角度来理解和认识数学，罗宾逊（Robinson）认为：“数学是人类意志的表达，反映积极的意愿、深思熟虑的推理，以及精美而完善的愿望”；从语言文化形态的角度来理解和认识数学，人们更倾向于认为“数学是一种文化体系”“数学是一种语言”“数学是一门艺术”；从思维科学的角度来理解和认识数学，“数学是实验思维过程+归纳抽象思维过程+逻辑论证思维过程”；等等。这些关于数学本质的认识，不但未显偏颇，而且更能从各个侧面来揭示数学形式的丰富多彩和数学内容的博大精深。

自数学公理化体系形成以来，“数学是按严密的逻辑构成的科学”“数学是一个演绎体系”是最普遍的认识。然而，当我们研究数学时，总觉得数学实际上不是这么回事，数学与逻辑大不一样。数学当然应该遵循逻辑，但逻辑在数学中的作用就像文法在文学中的作用那样，书写合乎文法的文章与照着文法写文章完全是两码事。当作家写一部小说时，他写的是对生活的感受和对语言的感觉，很少考虑文法与逻辑。同样，进行正确的逻辑推理与堆砌逻辑去构成数学理论是完全不同的性质。

(3) 数学是关于模式和结构的科学

关于数学本质的问题是一个具有时代性、前瞻性、发展性、综合性的数学哲学核心问题。在数学的任何发展阶段都不可能有固定的、永恒不变的答案，这应该成为数学哲学研究的一条认识论原则。单纯地从某个角度去看数学的本质都会失之偏颇，正如传统的本体论角度无法提供关于数学本质的真知灼见一样（如柏拉图的数学观）。要想全面、深刻地认识数学的本质，就必须在哲学层面（包括本体论、认识论和方法论）和社会文化层面进行辩证、综合、系统的分析和探索，而且这种分析和探索必须与数学实体性、本体论、认识论和知识论的探索相结合，还必须结合 20 世纪以来数学科学的新发展。

从本体论层面探讨数学本质新的构成的可能性是从结构、模式、形式、系统等思想的产生开始的。在已有的各种从本体论和认识论角度对数学本质进行的哲学概括中，“数学是关于模式和结构的科学”这一表述是迄今对数学本质概括得相对比较准确、全面和具有动态性的。怀特海在其“数学与善”的讲演中把数学看作对各种类型的模式进行理智分析的活动，认为“数学对于理解模式和分析模式之间的关系，是最强有力的技术”。美国数学家斯蒂恩（Steen）论述道：“数学是模式的科学，数学家们寻求存在于数量、空间、科学、计算机乃至想象之中的模式。”而麦克莱恩（S. Maclane）在《数学模型——对数学哲学的一个概述》一文中论述道：“数学在于对形式结构的不断发现，而形式结构则反映了客观世界和人类在这个世界里的实践活动，强调的是那些具有广泛应用和深刻反映现实世界某一方面的结构。”换句话说，数学研究的是相互关联的结构。阿贝尔（A. Albert）则认为：“数学是结构的科学。当直觉和未经分析的经验表明在许多不同的背景下存在着共同的结构特征时，数学就有了任务，这就是以精确的和客观的形式系统地阐明基本的结构特征。”

以上“数学是关于模式和结构的科学”的表述，不仅能较好地解释数学的演绎性与经验性、理论性与现实性的辩证关系，而且更重要的是，这一表述把握了 20 世纪以来数学发展的脉搏，具有强烈的时代色彩。法国著名的布尔巴基学派提出的“结构主义数学思想”正是适应当代数学发展现实要求的产物。布尔巴基学派致力于寻求数学新的统一性的理论基础，运用数学结构的思想，对数学结构进行分析，重新整合庞杂多样的数学分支，以代数结构、序结构、拓扑结构为核心结构，应用各种复合、引进新的关系等方法，把数学的各个分支纳入数学结构的严密体系中。布尔巴基学派的代表人物之一狄奥多涅在《布尔巴基的数学哲学》一文中指出：真正的数学认识论或数学哲学应该以数学家具体的研究方式为主题。模式和结构的概念所具有的高度概括性和层次性，包含了从抽象理论到现实经验之间的各种“谱系”。这些观点无论是对于数学的语言（符号、形式等）、理论结构，还是对于数学的科学工具性、应用性，都有很好的解释功能。

3. 数学的特点

“量”存在于一切事物之中，贯穿于一切科学领域之内。但凡要研究量、量的关系、量的变化、量的关系的变化、量的变化的关系，就少不了数学。所以，数学作为研究量、量变及其关系的科学，它的研究对象较其他科学的研究对象更具普遍性。数学研究对象的这一基本特征决定了数学的主要特点和其他特征。

关于数学的特点，数理哲学家们早就有过概括。其中，最具代表性的当属苏联数学家亚历山大洛夫等在《数学：它的内容，方法和意义》一书中提出的观点。他认为：“甚至对数学只有很肤浅的知识就能容易地察觉到数学的这些特征：第一是它的抽象性；第二是精确性，或者更好地说是逻辑的严格性以及它的确定性；最后是它的应用的极端广泛性。”在我国，直至今日，人们在谈到数学的特点时，一般仍将其归结为“三性”：抽象性、严谨性、广泛的应用性。

（1）抽象性

数学具有高度的抽象性，这是人们的共识。但这并不是说只有数学科学才是高度抽象的，而是指数学在抽象性方面具有区别于其他科学的特点。

① 数学抽象的彻底性。任何科学都具有抽象性，但数学的抽象最彻底。数学的抽象撇开了对象的具体内容，仅仅保留其空间形式或数量关系。这些形式与关系，只是一种抽象的思想材料，或者说是一种抽象结构。例如，世界上本来没有“二次方程”，它是人们从现实世界的数量关系中抽象出的思想材料。没有人，就不会有自然数、方程式、函数和勾股定理等，也就没有数学的研究对象。数学以外的科学的研究对象是客观世界的具体物化形式或具体运动形态。例如，没有

人，固然就没有原子物理学，但原子客观地存在于人脑之外的现实中，用一定的仪器设备便可以观测到。

数学对象不仅是抽象的思想材料，而且是形式化的思想材料。这些抽象的思想材料是用自己特有的符号语言组织起来的，脱离了具体内容的表现形式。一个字母可以代表完全不同的意义，如“$A+B=C$”，直观上仅仅是一组符号、一种形式，但它的真实含义可以是普通加法，也可以是矩阵加法，这完全体现为一种思想材料，“$A+B=C$”只不过是一种表现形式而已。

② 数学抽象的层次性。数学的抽象常常表现为多个层次，并且是从抽象到更加抽象的过程，即逐级抽象。例如，数、式、方程、函数、映射、关系等概念就是逐级抽象而来的。数学抽象的发展过程可划分为三大阶段：从对象的具体性质进行抽象、从具体的数量进行抽象、从数学对象之间相互关系的意义进行抽象。例如，从运算角度来看，最初是数的运算，后来发展为代数式的运算，再进一步抽象为代数系统的运算，如“向量”“矩阵”的运算；又如，直角三角形三条边之间的关系，即勾股定理，最初起源于勾股数组的关系“$3^2+4^2=5^2$”，进而抽象为“$a^2+b^2=c^2$”，而在 n 维空间中则表现为向量的积之间的关系。

③ 数学方法的抽象性。数学的极度抽象还表现在它的研究方法上。由于数学对象是抽象的、形式化的思想材料，这就决定了数学研究必然是思辨的，即数学活动是人类抽象的思想活动。数学的思想活动实际上是一种“思想实验”。与其他科学实验相比，数学“思想实验”不是在实验室里进行的，而是在人的大脑里进行的。人们利用各种思维方式（如逻辑推理、计算等）在大脑这个“思想实验室”里对抽象的、形式化的思想材料进行加工，创造出各种数学成果。

（2）严谨性

数学的严谨性是指数学在逻辑上要无懈可击，结论要十分确定。一般又将其称为逻辑严密性或严格性、结论确定性或可靠性。

① 从以数学确认真理的方式上来看，数学中使用逻辑的方法是由数学研究的对象、数学的本质属性决定的。数学的抽象性质预先规定

了数学只能用从概念本身出发的推理来证明。数学的对象是抽象的、形式化的思想材料，它的结论是否正确，一般不能像物理等科学那样借助可重复的实验来检验，而是主要依靠严格的逻辑推理来证明，并且一旦由推理证明了结论，那么这个结论就是正确的。

② 从数学发展的历史来看，数学的严谨性是相对的。例如，微积分刚刚被创立时，其逻辑是很不严密的，但其结论是正确的，并获得了惊人的有效应用。直到后来，数学家们经过很长时间的努力，才对微积分建立了比较严格的理论基础。类似微积分这样的事例在数学中还有很多，所以数学的严谨性也是相对的，与当时的数学发展水平密切相关。随着数学的发展，其严谨的程度也在不断提高。

人们要求绝对严格的精神，推动了数学的研究进展，使得数学（特别是在它的基础方面）在面貌及实质上发生了很大的变化。由于数学是用严格的逻辑建立体系，用逻辑方法确认真理，因此数学成为具有严谨逻辑性的科学。正如日本数学教育家米山国藏所说，“基于这种意义，可以认为，现今以一组不证明的命题、一组不定义的术语为基础的公理数学，才是最严格最广泛最抽象的科学体系”“无论是在科学的严密性的意义上还是在教育的严密性的意义上，对数学而言，逻辑严密、主体严格是整个数学的生命，并且在使今天的数学大厦变得庄严壮观的同时，为使它坚固而不可动摇，严谨也是最有力的一个因素”。

（3）广泛的应用性

亚历山大洛夫等在《数学：它的内容，方法和意义》一书中指出：“数学生命力的源泉在于它的概念和结论尽管极为抽象，但却如我们所坚信的那样，它们是从现实中来的，并且在其他科学中、在技术中、在全部生活实践中都有广泛的应用；这一点对于了解数学是最重要的。”数学的抽象性，保证了它的应用的广泛性。数学的对象——量与量的变化及其关系不是仅仅存在于个别的物质结构层次和物质运动状态之中，而是普遍地存在于各种物质结构层次和物质运动状态之中。高度抽象的数学概念，反映着各种不同类型的具体对象中量的共同规律。这决定了数学可以广泛地应用于各种不同对象的各种物质运动形态的研究之中。从这个意义上讲，它是一切科学的工具。

首先，我们几乎每时每刻都在日常生活和工作中运用着最普遍的数学概念、方法和结论。其次，对于物理学、天文学、化学等自然科学，数学已无可争辩地成为它们的有效工具，并且数学的应用范围在日益扩大。20 世纪末，人们认为："高技术本质上是一种数学技术""数学是通向科学大门的钥匙"。

在科技高度发达的今天，数学的应用呈现了更加广阔的前景，许多抽象的数学理论得到了广泛应用，数学向其他科学的渗透又形成了许多新的交叉学科。一些过去被认为与数学无缘的人文科学也与数学产生了联系，各门科学向着"数学化"的方向发展，这已成为当今科学技术发展的一个重要趋势。数学与社会及人们生活的关联也从来没有像今天这样紧密。例如：把数学方法引入史学研究产生了一门新学科——史衡学，开拓了史学研究的新领域；傅里叶三角级数在医学领域也发挥了人们意想不到的作用。近年来出现的一门新学科——计量诊断学，可以对多种疾病作出极其准确的诊断；心电图、脑电波都是随时间变化的周期函数，其分析与推理都要用到傅里叶变换。数学与语言学的结合产生了新兴的科学——数理语言学、计算语言学。如今，演绎方法又被引入语言学，建立了代数语言学。另外，借助计算机来整理语言、编纂辞书已经非常普遍。

近 50 年来，数学在经济学中越来越重要。它不仅帮助人们在经营中获利，而且赋予人们各种能力，包括直观思维能力、逻辑思维能力、精确计算能力等，以至于在今天不懂数学就无法研究经济。当今世界，运用数学建立经济模型、寻求经济管理中的最佳方案，运用较好的方法组织、调度、控制生产过程，从数据处理结果中获取经济信息等，使得代数学、分析学、运筹学、概率论和统计等大量数学思想方法进入经济科学领域，并反过来促进数学科学的发展。

1959 年，华罗庚在《人民日报》发表的《大哉，数学之为用》中精彩地叙述了数学的各种应用："宇宙之大，粒子之微，火箭之速，化工之巧，地球之变，生物之谜，日用之繁，无处不用到数学。"也正如马克思指出的："任何科学只有当它能够成功地运用数学时，它才能达到完善的程度，才算是真正发展了。”

近年来，数学在经济建设中的优化控制与统筹、设计与制造、质量控制、预测与管理、信息处理、大型工程、资源开发与环境保护中发挥着重要的作用；在科学技术中为机器证明、新计算方法、数学物理、最短网络、几何设计、模糊推理、军事与国防等提供数学理论基础与方法。

第二节　作为教育任务的数学

数学的表现形式比较枯燥，给人一种冰冷的感觉。但是数学思考是火热的、生动活泼的。激起学生的数学思考，使他们能够欣赏数学的美，是数学教育的一项根本任务。荷兰著名的数学教育家弗赖登塔尔（H. Freudenth）曾经这样描述数学的表达形式：“没有一种数学的思想，以它被发现时的那个样子公开发表出来。一个问题被解决后，相应地发展为一种形式化技巧，结果把求解过程丢在一边，使得火热的发明变成冰冷的美丽。”数学教师的任务在于返璞归真，把数学的形式化逻辑链条恢复为当初数学家发现时的“模样”，让学生经历“再发现”的过程。

1. 作为教育任务的数学与科学数学的差异

作为教育任务的数学是学校教育中的一个学科。教育者从数学基础内容中选择对人的全面发展和社会经济、生产发展起重要作用的内容，按照一定的计划，将其传授给特定年龄段的受教育者。科学数学是将人类所发现的数学规律，即数学研究对象的位置关系、数量关系、序关系等，按数学自身的逻辑结构建立科学的体系，并且这一逻辑结构体系在不断完善和发展，不受时间和可以理解它的人的限制。

作为教育任务的数学与科学数学的差异是相当大的，这种差异主要反映在以下几个方面：

（1）认知主体不同

作为教育任务的数学，其认知主体是处于成长发育过程中的青少年学生，而且不同年龄阶段的学生具有不同的认知水平。科学数学的认知主体是整个人类，特别是数学家。认知主体不同是二者之间的根本差异，由此导致二者在活动的目的、性质等多方面存在差异。科学数学活动的目的是探索与发现人类未知的数学规律，完善和发展数学的科学体系，这样的活动完全是一种创造性的活动。作为教育任务的数学，其活动目的是使学生获得必要的数学知识和数学方法、形成一定的数学能力，从而发展成符合现代社会需要的合格公民。这样的活动是学生在教师的指导下，对人类已有的数学认识成果的再发现和再创造。

（2）内容的特点存在差异

科学数学的特点是：内容的抽象性、应用的广泛性、推理的严谨性、结论的简明性。作为教育任务的数学也具有上述特点，但其抽象性与严谨性的程度却不像科学数学那样高。活动主体的特点不同，使得作为教育任务的数学的阐述必须考虑活动主体心理方面的因素，使其抽象的内容尽可能具体化、直观化，并适当降低对某些问题的表述、论证及体系严谨性的要求。

例如，我国中学几何教材体系中的公理系统是“扩大”的公理系统，虽然具备无矛盾性，但却是不独立、不完备的，也可以说，以此作为推理论证的根据是不够的。在中学几何课程中，由于缺少点在直线上的顺序公理，就无法给予诸如“内部”“外部”“侧”等概念以严格的定义，因此，凡是与“顺序”有关的问题，只能采取默认、直观的方法处理；虽然缺少保证图形在移动过程中的形状和大小不变的公理，但是凡是图形在移动都默认其形状和大小不变；由于缺少连续公理，中学几何教材中的尺规作图就缺少严格的理论依据。尽管如此，在学校教育中，与其他学科相比，抽象性和严谨性依然是数学学科显著的特点。

此外，数学规律一旦被发现，科学数学的体系一旦被建立，其内容就有较好的稳定性，而作为教育任务的数学内容只是相对稳定的。科学技术与数学自身发展得越快，社会生产力水平越高，作为教育任务的数学课程内容的变化速度也就越快。

2. 作为教育任务的数学与科学数学的相互影响

由于作为教育任务的数学与科学数学密不可分，因此二者之间的相互影响、相互作用十分显著。

(1) 科学数学对作为教育任务的数学的制约

科学数学对作为教育任务的数学是有制约性的，这种制约性主要表现在：作为教育任务的数学源于科学数学，虽然它选取的内容不难，在体系铺排上也不求同，但其在知识的本质上与科学数学不能相悖，因此其在思想方法、符号语言、推理规则等方面均受到科学数学的影响和制约。当科学数学不断发展并对科学技术、社会经济与生产产生作用时，作为教育任务的数学就不得不作出调整，删去陈旧的知识，增添新的、现代数学中重要的基础知识，特别是重要的数学思想方法。

(2) 作为教育任务的数学对科学数学的影响

作为教育任务的数学对科学数学的发展也产生了重要的影响。科学数学事业并非靠某一代出色的数学家完成的，它具有继承性，是一代代数学家延续为之奋斗的事业。而数学家也是被学校教育出来的，更是优质数学教育的结果。学校中作为教育任务的数学课程在内容、组织、实施等方面的优质融合，会促进大量数学人才的涌现，为科学数学的发展不断注入生机与活力。同理，作为教育任务的数学课程是具有连续性的，不管是小学、中学，还是大学，任何一个环节的数学课程质量出了问题，都会影响到对国家数学人才的培养，从而影响科学数学的发展速度和规模。

【思考题】

1. 谈谈你对“什么是数学?”的理解。

2. 通过研读《义务教育数学课程标准（2011 年版）》的几何内容，谈谈你对作为教育任务的数学的理解。

3. 谈谈你对数学本质的理解。

第二章　数学思维与数学教学

思维与数学的关系极为密切。数学教学的主要任务之一就是培养学生的数学思维能力。

第一节　思维的概念、结构与特征

1. 思维的概念与结构

思维就是人脑对客观事物本质、相互关系及其内在规律性的概括与间接反映。依据系统方法论的整体性原理，思维的物质结构就是感觉、知觉、表象、概念、判断、推理等要素及其相互关系所构成的整体框架，如图 2.1 所示，图中虚线是指从感性认识上升到理性认识的跨越。

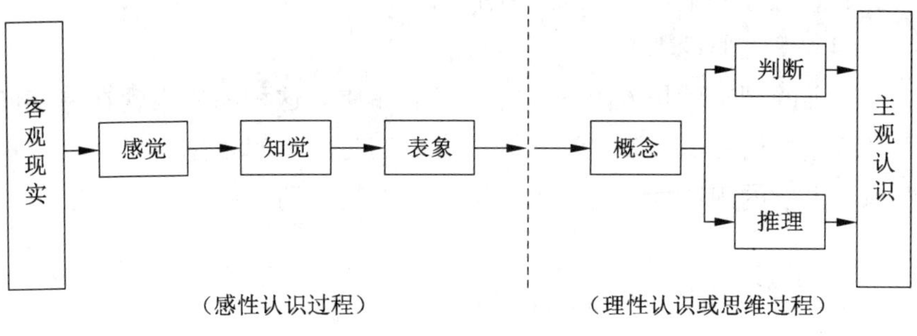

图 2.1　思维的物质结构

2. 思维的特征

思维有哪些特征呢？它的特征主要有目的性、问题性、概括性、间接性和逻辑性。

（1）思维的目的性和问题性

有目的地认识、理解和解决问题是人类思维的独特本能。如果没有问题就不会产生思维。因此，我们必须通过发现问题、解决问题的过程去分析、研究思维产生、发展的过程和特点。

人类思维的目的性还表现在有意识地和能动地改造自然、改造社会、改造自己。正如马克思所说：蜜蜂建造蜂房与人类建筑师建造房屋最大的不同是，人类建筑师在建筑一座房子之前，这座房子已在他的观念中完成了。所以，目的性是人类思维的根本特征。

（2）思维的概括性

思维之所以能揭示客观事物的本质及其内在联系的规律性，即不仅能揭示个别事物的本质属性，而且能从这些个别事物的本质属性推广到同类事物的本质属性，主要是因为思维具有概括性。

（3）思维的间接性

思维是凭借已有知识和经验对客观事物进行的间接反映。首先，思维借助已有知识和经验，能对没有直接眼见耳闻的事物及其属性作出正确的判断。如人们早晨起来发现地面是湿的，虽然晚间没有看见或听见下雨，但仍可作出“昨晚下了雨”的正确判断。其次，思维可以突破和超越已有知识和知觉的界限，如在数学中将“有限”推广到“无限”，甚至所有科学假设的提出都是如此。

（4）思维的逻辑性

思维的逻辑性是人类的一种珍贵的品质。这种品质表现在考察问题时遵循严格的逻辑顺序，在推理中有充足的逻辑依据。思维的逻辑性源于事物的规律性，这是人和动物的本质区别。

第二节　数学思维结构与形式

数学思维活动是人脑和数学对象（空间形式、数量关系、结构关系）相互作用，并按照一般思维规律认识数学内容的理性思维活动。数学思维是“动”的数学，而数学知识本身是“静”的数学，数学知识是数学思维活动的产物。正是由于各种思维形态的协同运用，数学家们才能更灵活地创造性地去发现数学新知识、解决新问题。

1. 数学科学与数学思维

思维就是人的理性认识过程。所谓数学思维，是指人类关于数学对象的理性认识过程，广义上可理解为应用数学工具解决各种实际问题的思考过程。苏联数学教育家奥加涅相认为应该这样理解“数学思维”：其一，数学思维是指一种形式，这种形式表现为人们认识具体的数学科学，或是将数学应用于其他科学、技术和国民经济等过程中的辩证思维；其二，应认识到数学思维的一种特性，这种特性是由数学学科本身的特点，以及将数学用以认识现实世界现象的方法所决定的，同时也受到所采用的一般思维方式的制约。所以，如果说数学思维有与其他思维相区别之处，那么这种区别就只能来源于数学科学研究的对象及数学科学的研究方法。

数学科学的研究对象是数量关系与空间形式，事物的其他属性被认为是无足轻重的。数量关系是抽象、概括的产物。数学所讨论的空间形式也是以现实对象为基础加以理想化的结果，更深入一步，人们还可以脱离具体的几何形象，只从它们的相互关系及性质中去认识空间形式。这就决定了数学科学具有高度抽象性。这种高度抽象性是以抽象基础上的再抽象为基础的。

人们对一个数学分支积累了一定的数学事实之后，总要对其进行整理，希望能从最少的基本概念和明显的事实出发，利用逻辑方法推演出其余的数学事实，即组成一个演绎系统。这就是数学科学的严谨性。数学科学的另一个显著特点是统一性。人们总是希望提出新的概念、理论，把以前看来不相关的东西统一在同一概念和理论之中。例如，线性算子把微分、积分及各种线性运算统一起来；距离空间的理论统一了各种具体的理论空间。从数学整体上讲，根据布尔巴基学派的观点，整个数学是关于结构的科学。具体地讲，整个数学旨在研究代数结构、拓扑结构以及序结构。

2. 数学思维的结构

数学科学是由概念、命题、方法等组成的知识结构，人们学习数学时就形成了关于数学的认知结构。根据这种认知结构探索数学思维结构是一条重要途径。

现代心理学家皮亚杰的认知结构观的核心被称为“图式观”。他认为，认知的发展要经过认知结构“同化”和“顺应”的过程，从而使人的认知结构中的旧的“图式”转化为新的“图式”，进而达到与环境的适应。“图式”是皮亚杰认知结构的元素。人通过活动，不断在人脑中建立新的图式或调整原有图式。认知行为表现为许多图式的协同活动，随着图式的发展和系统化，彼此联系着的图式复杂结构——认知结构便得以形成。

根据心理学家对思维结构的研究，数学思维结构与数学科学的结构紧密相关。人的数学思维结构可以看作一个以数学思维内容、数学思维成分与个体发展水平为坐标轴的三维结构，如图 2. 2 所示。

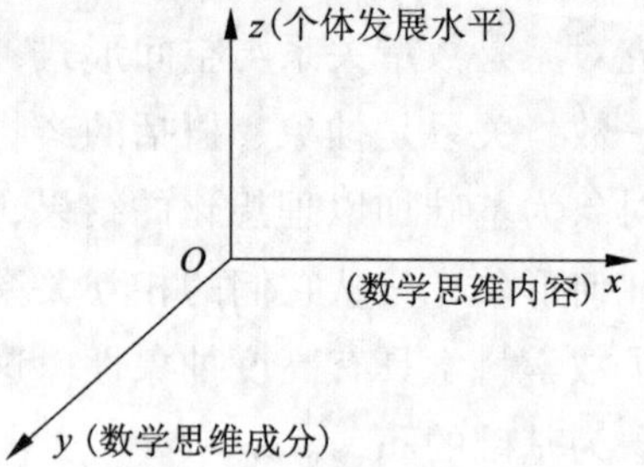

图 2. 2　数学思维结构

数学思维内容，从数学知识的总结和应用角度可分为：对应思维、公理化思维、空间思维、程序思维等。其每一项思维都以相应的数学知识为基础。例如：对应思维的数学基础是量与量之间的对应关系，特别是函数关系；公理化思维的数学基础是公理化的数学内容。

中国学者任樟辉把数学思维结构分成 4 个子系统：数学思维的内容（即材料与结果）、数学思维的基本形式（即抽象思维、逻辑思维、形象思维、猜想思维、直觉思维、灵感思维）、数学思维的操作手段（即思维方法）、数学思维的个性品质（包括智力品质、非智力品质和思维监控等）。这 4 个方面的不同成分、不同层次的组合，通过脑内神经元的各种运动对数学对象的信息进行加工和处理，从而形成不同类型的数学思维形式。

有学者结合数学思维能力和数学思维的特性，采用因素分析法对数学思维能力结构进行了定性分析，得出了组成数学思维能力的 5 种成分、12 种能力：数学概括（形成数学概念的概括能力、形成数学通则通法的概括能力、迁移概括能力）、数学抽象（发现属性的能力、发现关系的能力、发现相似性的能力）、数学推理（数学推理能力）、数学化归（数学转换能力、识别模式能力、数学变式能力）、思维简缩（运用思维块的能力、直觉思维能力）。（见图 2. 3）

数学思维结构并不是诸多构成因素的简单组合和堆积，而是在各因素之间有着各种不同的但却相对稳定的关系。各因素之间既相互依存、相互促进，一种因素的发展可以促进其他因素的发展，有利于整体思维水平的提高；又相互抑制、相互干扰，一种因素的水平过低或过高会限制其他因素的发展，从而降低整体思维水平。由此，一种因素的发展可能会影响其他因素的发展，这说明数学思维能力结构具有整体性功能，是一个系统结构。

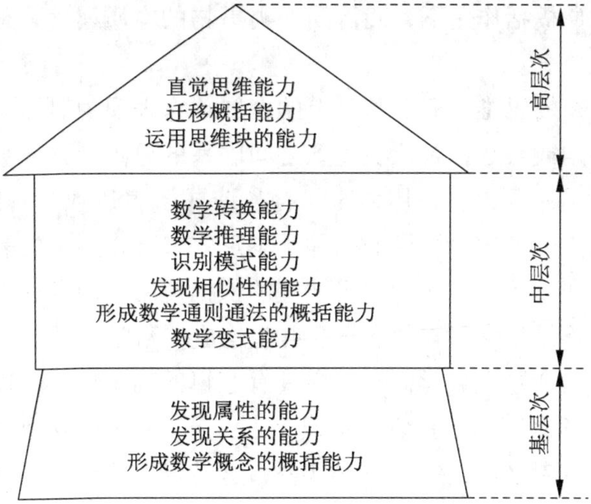

图 2. 3　数学思维能力的组成

3. 数学思维的形式

数学思维是从人类的一般科学思维中分化出来的一种思维，因此，它的活动形式与一般科学思维的活动形式相同。从思维活动总体规律的角度，可以将数学思维形式分为逻辑思维、形象思维和直觉思维。

逻辑思维以概念为思维材料、以语言为思维载体，每前进一步都有充分的依据。它以抽象性为主要特征，其基本形式是概念、判断和推理。形象思维是依靠对形象材料的意识领会从而对其进行理解的思维。它的主要特征是思维材料的形象性，其基本形式是表象、直感和想象。直觉思维是以高度省略、简化、浓缩的方式洞察问题实质的思维，它的主要特征是能在一瞬间迅速解决问题。

(1) 数学逻辑思维的基本形式

概念是逻辑思维最基本的形式，是事物本质属性的反映。数学概念是对客观事物或思想事物的数量关系、空间形式或结构关系的特征概括。数学概念的形成过程如下：首先对数学对象进行感知辨认，在人的头脑中形成个别表象；其次通过思维加工从若干个别表象中分化出它们的各种属性，再比较得出它们的共同属性，形成一般表象，并在思维的抽象概括作用下，确认同一类事物的本质属性；最后通过语词表达形成概念。

判断是逻辑思维在概念基础上的发展，它表现为对概念的性质或关系有所肯定或否定，是认识概念之间联系的思维形式。数学中的判断又称为数学命题，它是用语言、符号或式子表达数学判断的语句。数学命题作为数学逻辑思维的一种基本形式，其作用不仅表现为逻辑环节的中介或过渡，即作为逻辑推理的依据使用，而且表现为数学逻辑思维的最终结果，即与数学概念并生构成“数学科学之树”的叶丛和花果。数学命题和数学概念一样具有逻辑的确定性。这种确定性表现为任何数学命题都有真值（即真或假）。一个命题或为真命题，或为假命题，二者必居其一且只居其一，这是符合严格的逻辑依据和要求的。

推理是从一个或几个已知判断推出其他新判断的思维形式，是对判断之间逻辑关系的认识。推理所依据的已知判断称为前提，推出的新判断称为结论。推理与判断是互相渗透、互为表里的：推理是判断的过程，判断是推理的结果。数学推理是由已知的数学命题得出新命题的基本思维形式，通常是指严格意义下的推理。严格的推理是指每前进一步都有所依据，由此来探求数学中的各种因果关系，表现出数学逻辑思维的严谨性。最常用的数学推理包括演绎推理和归纳推理两类。

(2) 数学形象思维的基本形式

形象思维的基本形式是表象、直感和想象。形象材料是指客观事物的整体在人脑中形成的表象。表象具有各种不同的形态，是心理学的研究对象之一。钱学森称对形象思维的研究是“思维科学的突破口”。对形象思维形式化的研究已经成为思维科学研究中的一个重要课题，它对揭示形象思维的过程及其规律有着重要的意义。

表象是人脑对当前没有直接作用于感觉器官的、以前感知过的事物形象的反映。个别表象是人脑中再现出来的某个具体事物的形象，一般表象是人脑中再现出来的某一类事物的形象，数学表象则是从事物的形体物象中通过对其形式结构特征的概括而得到的观念表象。例如，篮球、排球、足球、乒乓球的形象浮现在人脑中时分别是不同的个别表象，而从这些球形中概括出来的一般球形就是球类物体的观念表象，在这个表象中起表征作用的是构成球形的线条——一种数学表象。

直感是运用表象对具体形象的直接判别和感知。数学直感是指在数学表象的基础上对有关数学形象的特征判别。形象思维的判断活动与抽象思维不同，它不必以概念为中介，甚至不必以语言为中介，而只需将储存在大脑中的理性意象（即一般表象）与特征相似的某事物的感性印象比较一下便能直接作出判断。在数学中，对于直观实物的形体识别，即使没有抽象概念的形成，主体也能根据他以前对类似形体的表象记忆，去判断一个实物应归属于哪一类。形象特征判别是指用带有普遍性的概括表象去对照具有个别性的具体形象所作出的判断。这种特征对照是一种对整体形象分解与整合的直观感知过程，是形象思维规律的相似特性的一种表现。

想象是在人脑中对已有表象进行结合和改造，产生新表象的思维过程。想象的基本材料是表象，基本手段是直感。在想象过程中对已有表象进行结合和改造的方式是直感。任何有意想象（不是无规则的表象堆砌），特别是科学想象都是对已有表象的一系列的直感联结。数学想象是对数学形象的特征推理，是数学表象与数学直感在人脑中的有机联结和组合。直感联结的过程就是新形象的构思、产生过程。数学想象是合情推理的基本组成部分，是一种不严格的推理，或者说是一种形式相似的推理，其结果不一定都是正确的。

（3）数学直觉思维的基本形式

对于直觉思维的讨论，国内外科学家和专家学者有着许多重要的论述。著名物理学家爱因斯坦（Einstein）曾说，“我相信直觉和灵感”；美国心理学家布鲁纳（Bruner）认为，“直觉是指没有明显地依靠个人技巧的分析器官而掌握问题或情境的意义、重要性或结构的行为”；法国数学家布洛赫（Bloch）则认为，“直觉是把那些你已经充分了解的对事物的认识拼起来，形成一个完整的认识”；我国著名科学家钱学森认为，“直觉是一种人们没有意识到的对信息的加工活动，是在潜意识中酝酿问题而后与显意识突然沟通，于是一下子得到了问题的答案，而对加工的具体过程，我们则没有意识到”。这些看法有所差异，他们各自从某一个侧面或某一个角度对直觉或灵感进行了解释，但这些解释都有一个共同思想，即直觉思维是客观存在的一种思维形式。

直觉思维是运用有关知识组块对当前问题进行分析和推理，以便迅速发现解决问题的方向或途径的思维方式。人们在日常生活、工作与学习中，经常碰到类似的问题。由于类似的问题反复出现，解决类似问题的知识、方法和手段也反复被使用，因而解决某类问题的知识、方法和手段之间的联结性加强，形成一个知识单元或组块，其联结方式就成为思路、方法。人们根据知识组块就能迅速解决问题。运用直觉的知识组块理论有利于我们深刻揭示直觉的以下特点：

① 迅速性与经验性。迅速性是直觉思维的显著特点，经验性是迅速性产生的前提，迅速性是经验性的结果。正是由于直觉在知识组块的基础上进行加工，不需要从头至尾地一步步推理，因此思维的进程

大大缩短了。直觉的产生依赖于组块容量的大小，组块容量越大，思维简化的步数越多，解决问题就越迅速。

② 逻辑性与非逻辑性。在某种程度上说，直觉是一种逻辑性推理。从知识组块的产生来看，它是通过一步步推理而得到的，因此，直觉的结果往往可以通过逻辑推理来验证。从直觉的产生来看，人们以知识组块作为推理的根据，推理才能迅速完成。运用知识组块所进行的推理是浓缩的，常常表现为一种直觉的判断，这种推理的依据只是个人确认的，其他人难以理解。人们往往在不自觉中运用知识组块，加之他们把直觉推理的结果清楚地保持在头脑中，而对如何检索组块的过程却未加注意（意识不到）。所以，直觉产生后，人们常常不能说出其来龙去脉，表现出"无意识"的特点。人们普遍认为，直觉是一种非逻辑性加工。其实所谓的非逻辑性加工，不过是由于组块内的推理经反复练习而熟练，并浓缩成了一个新的整体（新组块）。

③ 模糊性与不可靠性。直觉推理所依据的知识组块是个人经验的结晶，并不是公认的定律、定理、公式，因此有一定的模糊性。组块如果长久不用，会越来越模糊，人们就不一定能找准相应的组块，从而对事物的认识也会产生一定的模糊性。模糊性必然带来不可靠性。

第三节 数学思维的特性与方法

1. 数学思维的特性

在讨论一般思维特点的基础上，关于数学思维特性的共识基本形成，具体如下：

(1) 数学思维的高度概括性

概括性是一般思维具有的特点，但在数学思维里它显得更加重要。由于数学研究对象具有特殊性以及数学能揭示事物之间的抽象形式结构和数量关系的本质特征和规律，因此数学研究一类事物共有的数学属性。数学思维的概括性还在于它的迁移性。迁移性是指主体不仅能从部分事物相互联系的事实中推知普遍的与必然的联系，而且能将这种联系推广到同类现象中去，即运用已知的数学关系去解决有关的问题。数学思维模式的形成、数学思想方法的获得也是数学思维概括性的重要表现，而模式与方法的运用是其概括性迁移的结果。

（2）数学思维的问题性

数学思维总是由某个问题引发的，发现问题与解决问题时都有可能产生数学思维。没有问题就没有数学思维，因此，数学思维总是指向问题的变换，表现为不断地提出问题、分析问题和解决问题，从而使数学思维的结果形成问题的系统和定理的序列，以达到掌握问题对象的数学特征和关系结构的目的。由此可见，问题性是数学思维目的的体现，解决问题的活动是数学思维活动的中心。

（3）数学思维的高度抽象性

数学思维的高度抽象性是由数学研究对象的抽象性决定的，即数学思维的抽象性是相对于数学思维的对象和方法而言的。数学思维的对象是事物之间的数量关系或理想化了的空间形式，它们不是停留在一次抽象的结果之上的，而是通常经过多次抽象而形成的，呈现为形式化了的东西。这些形式化的东西，只有在与别的已经形式化了的东西的联系中才能被认识。数学思维的方法在很大程度上可以实现形式化的转换，用新的等价形式或更强的形式代替原有形式，而这些转化出的形式又要是已掌握的形式。正是基于这两种原因，使数学思维高度抽象化。

（4）数学思维的统一性

数学思维的统一性是针对思维的宏观发展方向而言的。数学科学的研究总是追求用统一的理论概括零碎的事实，这既便于简化研究，又能洞察到事物或现象的本质。所以，数学思维总是越来越多地抛弃某个具体属性，追求达到一种高度统一的境界。

（5）数学思维的严谨性

数学思维的严谨性是指思考问题符合逻辑且严密、准确无误。数学思维的严谨性也是由数学本身的特点决定的。

此外，有些学者还提到了数学思维的其他特性，如相似性、形式化、条理性、探索性、结构记忆性等。这些数学思维的特性，都从数学学科的特点和研究对象出发，真正体现了数学思维与一般思维及其他学科思维的不同之处。

2. 数学思维的方法

数学思维的方法是数学思维结构的组成部分。数学思维的一般方法是指在数学思维过程中运用的基本方法，包括观察与实验，比较、分类与系统化，归纳与演绎，分析与综合，抽象与概括，一般化与特殊化，模型化与具体化，类比与映射，联想与猜想等。这些方法是数学思维操作的基本手段，与思维内容、思维形式、思维品质相互联结，是数学思维结构的主要组成部分。

根据这些方法在实施过程中涉及的思维方式，陈福元对其进行了分层，具体如下：① 哲学思维方式层次，这一层次的思维方法是客观世界中事物最一般关系的反映，是其他方法的基础，包括分析与综合、归纳与演绎、抽象与概括等。② 科学思维方式层次，这一层次的思维方法是哲学思维方法在某科学领域的具体化、特殊化，包括观察与实验，比较、分类与系统化，联想与猜想等。③ 个别思维方式层次，这一层次的思维方法是前两种思维方法在某特殊领域的特殊应用，是由认识对象的特殊属性所决定的特殊方法，如类比与映射等。

虽然其他学者提供了不同的数学思维方法的分类，但从这些方法的性能考察，其中有些侧重于探索、猜测和发现，属于非严格的似真推理范畴；另一些则侧重于求解、论证和整理，属于严格的逻辑推理范畴。

第四节　知识、问题与思维

1. 知识与思维

思维之所以能够间接地、客观地反映客观世界，是因为它以先前积累的知识经验为基础。思维能力的高低，在一定程度上取决于主体的知识结构和文化背景。思维能力的培养和发展也不能离开主体对知识的掌握而孤立地进行，即使是曾受到重视的“形式训练”，也需要以古典语言、几何学等知识内容作为智力训练的材料。心理学上对专家和新手在解决问题时所运用的知识组织和策略的差别进行了研究，其结果可以很好地说明知识基础对于思维能力的意义。蔡斯（Chase）和西蒙（Simon）通过实验发现，专家和新手之间之所以产生明显的差距，是因为专家和新手所拥有的专业知识在“质”和“量”上都存在重大差异，专家拥有的是丰富的专业知识，而不是超人的记忆能力，这造成了两者在解决问题时技能上存在差异。知识的积累是思维的前提和基础，如果一个人知识面狭窄，知识结构不合理，缺乏知识更新的能力，其思维能力就难以得到良好的发展。

思维基于知识但又不限于知识。知识是对某种已经存在、已经决定的事情的了解和掌握，因而知识是没有自由的；而思维是创造，是对尚未发生的事情作出决定和判断，因而思维是自由的。所以，知识和思维并非完全对等的关系，知识的积累对思维能力所起的作用并不全是积极的，过分地依赖知识会限制和阻碍思维能力的发展。

知识构成了思维的基础，知识掌握的多少、知识积累的厚薄，在一定限度内影响着思维能力的发展。但知识渊博和学富五车绝不意味着其思维能力高人一筹，即知识的多少不能成为衡量思维能力高低的标准，而对知识的理解、运用和转化的能力才是衡量思维能力的标准。由此可见，教育需要同时在两个支点上努力，既需要尽可能地让学生积累必要的知识，又需要引导学生不断地把大脑中沉淀已久的东西清零，使其回到原始状态和空灵状态，这样才有足够的空间发展新的智慧。这两种努力看起来是矛盾的，但实际上却统一于学生“使用知识”的过程中。当学生进入使用知识的状态时，他们将在使用知识的同时发展相关的思维能力。

2. 问题与思维

探索活动是怎样开始的？早在古希腊时期，亚里士多德就提出了一个关于科学发现程序的模式。他认为，发现活动从观察个别事实开始，然后归纳出解释性的原理，再从解释性的原理演绎到个别事实。按照这个程序，“科学发现活动只能起源于观察”。后来，以培根为代表的古典归纳主义学派片面地扩大了归纳在科学发现中的作用，进一步强调和突出了“科学发现始于观察”的观点。随着科学的发展，事实变得越来越清楚，科学理论并不总是简单直接地从经验事实中归纳出来，科学发现的过程是一个不断提出问题和解决问题的过程，进而形成了“科学探究活动始于问题”的观点。这个观点得到了科学家的认同，成为科学界的共识。在科学发现活动中，观察是通过问题（提出问题和解决问题）来推动科学发现活动进程的。观察是探究活动中的一个环节，不论观察的结果和预期的结果是否相符，只要它能产生新问题就是有价值的。同时，只有在特定的问题背景下，观察才能深入，才能成为有目的的活动，才能有价值。应该说，科学探究活动是从问题开始的。“探究从问题开始”这一命题，不仅对于科学的探究活动是正确的，而且对于一般的探究活动也是正确的。探究活动离不开思维，而思维总是由问题开始的。

爱因斯坦曾给 M. 索洛文写信，信中论述的“思维同经验的联系问题”可用图 2.4 加以说明。

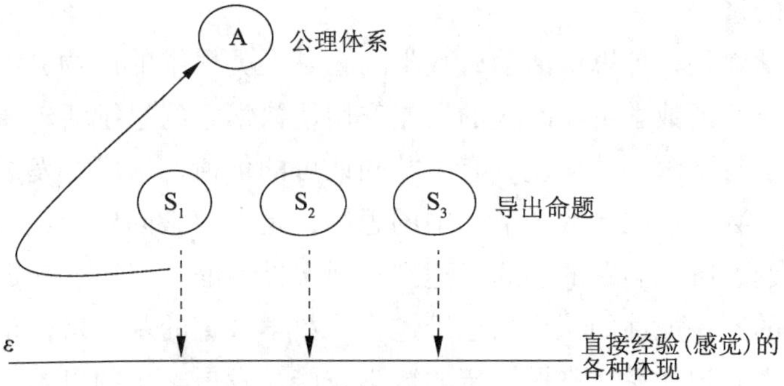

图 2.4　思维同经验的联系问题

Ⅰ. ε（直接经验）是已知的。

Ⅱ. A 是公理体系。从心理状态上讲，A 是以 ε 为基础的，但是 A 与 ε 之间不存在任何必然的逻辑联系，而只存在一个不是必然的直觉联系。

Ⅲ. 由 A 通过逻辑方式推导出各个命题 S，此时可以假定 S 是正确的。

Ⅳ. S 可以与 ε 联系起来（实验验证），这实际上是超逻辑的（知觉的），因为 S 中出现的概念同直接经验 ε 之间不存在必然的逻辑联系。

爱因斯坦在总结上述结论时提出，“这一切的中心问题就是思维领域同感官的直接经验之间的永恒存在的有问题的联系”。这也说明，问题始终伴随着思维。

“问题激励思维；

“思维需要问题的激励；

“没有问题就没有思维！问题是思维的动力——这是思维的问题性。思维的问题性是思维的第一特性。

“思维是由问题引起的，同解决问题相伴随；

“思维是以解决问题为目的的思想活动或过程；

“…………”

问题对思维具有定向作用，因此，问题是探索活动中的路灯和灯塔；问题性是思维的本质属性，因此，思维过程表现为提出问题和解决问题的过程。

数学就是一种思维活动，数学问题是人类思维的产物，离开了思维也就无所谓数学了。问题的聚焦作用使数学家的思维活动有了共同的目标，有了深入的交流，有了共同认可的价值，形成并发展为共同的观念。数学思维是数学活动中的思维，是以数学问题为载体，通过发现问题、解决问题的形式，达到对现实世界的空间形式和数量关系的本质的、一般性的认识的思维过程。数学教育的基本宗旨是使学生掌握数学知识体系，掌握一定的数学技能，发展学生的思维。数学课堂学习启动系统，启动的是学生的数学思维，而不是别的什么。

美国数学家哈尔莫斯（P. R. Halmos）指出：“问题是数学的心脏。”数学到底是什么？是各种公理（如平行公设）吗？是各种定理（如代数基本定理）吗？是各种证明（如不可判定定理）吗？是各种定义（如门格对维数的定义）吗？是各种理论（如范畴）吗？是各种公式（如柯西面积公式）吗？是各种方法（如逐次逼近法）吗？没有以上这些组成部分，数学当然也就不存在了。它们对于数学来说都是必不可少的，然而，这些组成部分中没有一个是数学的心脏。数学家得以存在的主要原因在于他们能解决各种问题，因而“真正构成数学的是问题和问题解决”这个观点是站得住脚的。

1900年，德国著名数学家希尔伯特（Hilbert）在他的《数学问题》报告中，就深刻地阐述了“问题”对于科学发展，特别是对于数学科学发展的重要意义。只要一门科学分支能提出大量的问题，它就充满着生命力；而问题的缺乏则预示着独立发展的中止或衰亡。正如人类的每项事业都有着确定的目标一样，数学研究中也需要将自己的问题作为目标导向。正是通过解决这些问题，研究者锻炼其钢铁意志，发现新方法和新观点，达到更为广阔和自由的境界。

数学问题是数学科学发展的动力。数学发展史证明，问题对于数学科学的发展方向、数学观点、方法、思想的形成都具有决定性的作用，离开问题，数学就不能发展。数学科学正是从现实世界、现有的数学理论体系中提出无数问题并获取力量。

数学问题对数学思维活动的决定性影响表现在以下方面：

① 数学问题是数学思维的动力，并为思维指明了方向；

② 数学思维的过程就是不断地提出问题、解决问题的过程；

③ 提出问题是探索活动的关键环节，新的数学问题的出现，既表现为数学思维的进展，也为更深入的数学思维活动提供了动力，规划了方向。

数学课堂学习也是从问题开始的，问题是数学课堂教与学活动的逻辑起点。在提出问题后，解决问题就成为探索活动的主题，可以说，提出问题和解决问题是数学课堂学习活动的主要形式。

知识一旦进入被使用的环节，就意味着它被用于实际问题的解决之中。在思维和问题解决之间，问题是思维的起点，问题的产生来自思维中的怀疑和困惑。科学发展史上许多的重大问题，往往就是在对多数人看来是天经地义的东西的深刻怀疑中产生的。然而，怀疑绝不是无缘无故、想当然的，怀疑的基础应是正确、合理、审慎的思维，只有善于运用思维才能善于怀疑。因此，思维是怀疑精神的必要前提。思维基于知识，却又由问题产生，并因为问题而得到持续不断深入的发展。思维的最终目的也不停留于知识，而在于使问题得以解决，做出有所创新的发现。知识本身并没有力量，只有适当地使用知识、以知识作为基础来解决问题，才可能实现知识的力量。杜威指出，只有在思维过程中获得的知识，而不是偶然得到的知识，才具有逻辑的使用价值。适当地使用知识、以知识作为基础来解决问题，也就是一种基于知识的思维能力，是一种基于知识的智慧。对于问题意识强、创造能力高的学生来说，他们一旦发现了问题，就会产生解决问题的内驱力，产生一种心理上的不平衡，从而激起强烈的求知欲和好奇心，唤起其内心创造的需求与兴趣，进而在强烈的创造动机的驱使下，激励其进行积极自主的思维直到问题解决，达到创造的目的。

【思考题】

1. 谈谈你对“思维”和“数学思维”的理解。
2. 谈谈你对“问题是数学的心脏”的理解。
3. 请解释为什么“数学是思维的体操”。

第三章　数学教育中课程思政的方法与实施

数学中蕴含着大量的思政元素，如何利用好这些资源对于教师非常重要。数学教师不但要在数学教育课程中实施课程思政，而且要教会数学专业师范生能够在将来的课堂中实施课程思政。

第一节　课程思政的缘起与发展

1. 课程思政的提出

2014 年，习近平总书记在第二十三次全国高等学校党的建设工作会议上强调：“办好中国特色社会主义大学，要坚持立德树人，把培育和践行社会主义核心价值观融入教书育人全过程。”在这一背景下，各类高校深入挖掘各类课程中的思想政治资源，促进各类课程与思想政治课程同向同行、协同育人，课程思政的实施路径初具雏形。

（1）课程思政的实施

在 2016 年 12 月召开的全国高校思想政治工作会议上，习近平总书记再次强调：“要用好课堂教学这个主渠道，思想政治理论课要坚持在改进中加强，提升思想政治教育亲和力和针对性，满足学生成长发展需求和期待，其他各门课都要守好一段渠、种好责任田，使各类课程与思想政治理论课同向同行，形成协同效应。”习近平总书记的讲话厘清了课程思政的基本实施路径，即要求充分调动各门课程的思想政治教育育人潜力，在多样化的课堂教学中，在引人入胜、潜移默化中实现教育目标。

（2）课程思政的深化

2017 年 9 月，中共中央办公厅、国务院办公厅印发的《关于深化教育体制机制改革的意见》中指出，要健全立德树人系统化落实机制，健全全员育人、全过程育人、全方位育人的体制机制，充分发掘各门课程中的德育内涵。同年 10 月，党的十九大报告指出："要全面贯彻党的教育方针，落实立德树人根本任务，发展素质教育，推进教育公平，培养德智体美全面发展的社会主义建设者和接班人。"同年 12 月，中共教育部党组关于印发《高校思想政治工作质量提升工程实施纲要》的通知中明确指出："梳理各门专业课程所蕴含的思想政治教育元素和所承载的思想政治教育功能，融入课堂教学各环节，实现思想政治教育与知识体系教育的有机统一。"

（3）课程思政育人体系的形成

2018 年，教育部再次强调课程思政的重要性，并将"课程思政"提升到中国特色高等教育制度层面来认识和建设。2019 年 2 月，中共中央、国务院印发了《中国教育现代化 2035》，提出要推出一批育人效果显著的精品专业课程，打造一批"课程思政"示范课堂，树立一批"课程思政"优秀教师队伍。2019 年 3 月 18 日，习近平总书记在学校思想政治理论课教师座谈会上强调："要坚持显性教育和隐性教育相统一，挖掘其他课程和教学方式中蕴含的思想政治教育资源，实现全员全程全方位育人。"

2020 年 5 月，教育部印发的《高等学校课程思政建设指导纲要》指出："全面推进高校课程思政建设是落实立德树人根本任务的战略举措。"在高校价值塑造、知识传授、能力培养"三位一体"的人才培养目标中，价值塑造是第一要务。全面推进课程思政建设，就是要寓价值观引导于知识传授和能力培养之中，帮助学生塑造正确的世界观、人生观、价值观，这一举措影响甚至决定着接班人问题，影响甚至决定着国家长治久安，影响甚至决定着民族复兴和国家崛起。

2. 课程思政的理解

（1）课程思政的内在意蕴

"课程思政"并不是新开的一门课，也不是新增设的一项活动，而是一种教育教学理念，即以高校思政教育贯穿于所有的课程教育中，融入日常的教学和实践环节中，以对学生进行价值引领，使每一门课都上出“思政味儿”，使每一位教师都成为“思政人”，从而真正实现“知识传授”和“价值引领”的有机融合。因此，从“思政课程”到“课程思政”，绝不是简单的文字游戏，二者的理念与内涵完全不同。“课程思政”是指在专业课程等其他非思政课的日常教学中，通过融入思政元素和资源对学生进行全方位的思政教育，实现立德树人、润物无声。课程思政是一种隐性化的协同育人体系，围绕“知识传授与价值引领相结合”的课程目标，强化显性思政，细化隐性思政，构建全课程育人格局。

（2）构建课程思政的育人体系

课程思政是以习近平总书记提出的“办好中国特色社会主义大学，要坚持立德树人，把培育和践行社会主义核心价值观融入教书育人全过程”为指引，着眼“又红又专、德才兼备、全面发展”的根本要求，以社会主义核心价值观为核心内容，构建全员、全过程、全方位育人的高校学生思想政治教育体系。课程思政是在现有高校思想政治课的基础上辅以隐性思政教育，即发挥通识教育课、专业教育课在大学生思想政治教育中的价值引领作用，以期改善高校思想政治教育资源匮乏、渠道不通畅的问题。课程思政的全面育人体系实施者包括思想政治理论课教师、专业课教师、校内外专家和辅导员，实施场景包括传统思想政治理论课和各专业理论课及课程思政背景下涌现出的其他综合素养课程。课程思政体系构建的核心在于实施者群策群力构建教学中有高度价值的“情景”，并通过“对话”“合作”实现不同育人场景之间的对接，使大学生切实理解思想政治理论课的知识和内涵。

（3）夯实课程思政的引领作用

课程思政坚守课堂的主旋律，强调所有课程同向同行，对大学生的价值观培养发挥着引领作用。各类课程相辅相成，体现课程思政“知识传授与价值引领相结合”“显性教育与隐性教育同发展”的目标和导向，共同作用和服务于立德树人根本任务。课程思政以课程为载体，以立德树人为根本，在培育时代新人的过程中必须坚持正确的方向，在潜移默化中引导新时代大学生全面发展。

3. 实施课程思政的三要素——教师、教材、教学资源

(1) 教师要素

实施课程思政的效果如何，很重要的一个因素就是教师。

身先垂范、为人师表是每一位教师的基本素质。首先，在思想层面上，教师要转变教学理念，把关注学生发展作为教育的追求之一。其次，在行为层面上，教师要成为知行合一的道德实践者与示范者。只有教师的道德认知与道德行为一致，才有利于促进学生的道德认知向道德行为转化，达到“亲其师”而“信其道”的效果。教师是课程思政生成的关键因素，教师应扭转对传授知识的偏重，树立牢固的育人意识，具备价值传播的理念，利用教学艺术提升课程思政的亲和力。

数学教师要注重“课程思政”的教学方法和技能提升，加强课堂思政的亲和力和针对性。教师应提升课程思政理论功底，要有效地将思政元素嵌入专业课程，并讲求嵌入的方式方法。

数学教师平时要关注、关心时事政治，学习国家的方针政策和党政意识形态，探索实行常态化的集体备课制度，在备课时深入挖掘和提炼课程中的爱国情怀、法治意识、社会责任、公序良俗、文化自信、道德模范等要素。

(2) 教材要素

教材的建设既要兼顾知识传授，又要内隐价值观建设，在内容上要尽力避免脱离实际、在规范上要做到继承和完善现有的学科体系。

教师应根据师范生的身心特点、成长规律、情感需要、接受能力和个体差异，挖掘素材内涵并设计课程。在教材内容方面，教师应注重对社会热点问题的探讨和对经典案例的分析，从而启发学生独立思考，体现出教材的思想性。

(3) 教学资源要素

对思想政治教育资源的深入挖掘是每门课程践行课程思政理念的重要保证。

数学课程中，教师应挖掘其包含的情怀、价值、科学精神等思政资源，融入中国在数学领域中的伟大成就，激发学生的爱国情怀等。

在找到课程与思政的融入点后，还要深入分析师范专业的特点、师范生的学习需求及心理特征等要素，再将这些要素灵活巧妙地融入课堂，避免生硬的附加式、标签式的道德说教，这样才能更好地引发学生的知识共鸣、情感共鸣、价值共鸣，实现对学生进行知识传授的同时也进行了价值引领和塑造。

数学课程有其自身的特点，讲求专业性、实践性、创新性、科学性。基于此，数学课程在人文情怀培养、职业素养训练、科学精神塑造等方面均发挥着作用。如何看待数学课程的价值属性，并针对数学课程中面临的实际问题拟定具体的方案，将是数学课程思政建设的重点。

第二节 数学教育的特征及数学课程思政的功能和原则

1. 数学教育中对课程思政的理解

在数学教育中如何对学生进行课程思政，是当前高校数学教育改革研究中的一个重要课题。而数学课程思政的实施与数学教育自身的特征有关，只有准确把握数学教育自身的特征，才能依据它们内在的必然联系科学地进行数学课程思政教育。数学教育具有以下特征：

（1）客观性

一方面，数学是客观物质世界的数量关系及空间形式的客观规律的反映。因此，数学教育首先是客观性的教育。

另一方面，从事数学研究的数学家及其高尚品德、他们对数学问题的提出及解决问题的过程、民族文化中的数学资源等客观存在的事物，都是数学课程思政的素材。

（2）理智性

数学本身具有结论确定的特点，因此，可以说数学教育是培养学生理性思维的教育，从数学问题的发现到问题的解决，都要经过理性的思维活动，决不允许随意编造、信口开河。因此，数学教育可以使受教育者避免意气用事、随心所欲，养成经过理性思考处理问题的良好习惯。

(3) 精确性

数学以其结构严谨、逻辑严密而著称于世。数学的精确性，本质上起源于学校数学教育的精确性，没有学校数学教育的精确性，也就谈不上现代数学的科学性。

(4) 进取性

永无休止的进取精神，是数学家的本性。数学的发展也是这样，概念在发展，结论在深入，任何时候的认识都有局限性，都需要不断深化。数学教育在培养学生继承数学知识的同时，也培养了他们的进取心与创新精神。

(5) 实践性

数学教育的理智性同它的实践性紧密相连。学生可以在实践中从事物本身的矛盾提出问题，从事物演变的迹象创立假说，确定事物变化的内在必然联系印证假说、得到规律。在这一过程中，教师可引导学生运用观察、实验的方法，培养学生的观察能力、创造能力及逻辑思维能力。学生掌握数学概念、规律中的理性思维，归根结底还是要回到实践中去，解决实际问题。因此，数学教育的实践性能够培养学生求实的优良品质。

(6) 融合性

数学教育涉及数学学科知识、数学史知识及数学其他知识。教师在教学过程中可以使学生经历学会知识、感悟精神、传播文化的过程，从而实施课程思政。

数学教育的上述特征，使得教师在数学教育中对学生进行课程思政不仅是必要的，而且是可行的。

2. 数学教育中课程思政的功能

数学以其独特的风格承担着育德的任务。这主要表现在数学教育能对学生进行科学世界观教育、道德观念教育与良好的个性心理品质教育等方面。

(1) 培养学生的科学世界观

培养学生辩证唯物主义科学世界观，是教育的重要内容之一。通过数学教育对学生进行辩证唯物主义基本观点的教育是必要的，也是适宜的。恩格斯说过，数学是辩证的辅助工具和表现方式，意味着数学教育最有利于培养人们的辩证思维，从数学的内容和方法中发现辩证因素，比如分析数学内容中的一系列辩证关系以及辩证法在数学学习和研究中的具体运用。数学中的辩证法不但具体、生动，而且具有潜移默化的作用。数学在培养人的科学世界观方面的功能表现为以下几点：

① 数学的客观性有利于培养学生的唯物论基本观点

恩格斯指出，数和形的概念不是从其他任何地方，而是从现实世界中得来的。在数学教育中，从“数”的概念的产生与发展到“形”“函数”等概念的产生，都强调这个唯物论的基本观点，有利于培养学生的辩证唯物主义观点。同时，数学学习的种种实例说明数学知识的获得必须通过感觉阶段，综合感觉的材料，对感觉的材料加以整理和改造，以达到概念判断和推理的阶段。另外，它还必须回到实践中去检验理论知识，解决实际问题，从而使学生逐步掌握符合辩证唯物主义认识论的学习方法，自觉地将实践上升到理论，再把理论应用于实践并通过实践检验理论。数学知识的获得过程不仅对于学习数学很有好处，而且可以培养学生的辩证唯物主义观点。

② 数学内容的辩证性有利于培养学生联系的观点

联系的观点是辩证唯物主义的一个重要特征，而数学内容本身就具有这种辩证性。由于数学内容本身具有普遍联系的特点，在学生学习过程中，联系的观点就会逐渐渗透到他们的头脑中。例如，通过映射、函数、同构等知识的学习，学生就会对事物之间的联系有一个形象的认识；又如，笛卡儿坐标系的建立、数与形的联系，把几何与代数有机地统一了起来。许多几何概念之间的辩证关系，借助代数形式就会显得脉络异常清晰，如一次曲线、二次曲线等。学生通过对这些知识的学习，不但认识了数学知识之间的普遍联系，而且也认识了联系的重要性。数学家希尔伯特曾说过：“我认为，数学科学是一个不可分割的有机整体，它的生命力正在于各个部分之间的联系。尽管数学知识千差万别，但是我们仍然清楚地认识到：在作为整体的数学中，使用着相同的逻辑工具，存在着概念的亲缘关系，同时在它的不同部分之间也有大量相似之处。”正是由于数学科学具有普遍联系的特点，学生在掌握数学知识的同时，也就对联系的普遍性有一个形象而具体的认识。另外，教师在教学过程中充分挖掘教材中的辩证因素，揭示知识之间的本质联系，从而培养学生联系的观点。一个正确的命题，就表达了它的前提和结论之间的必然联系；类比方法则反映了数学对象在某些方面的联系。教师在教学中应要求学生一题多解，注意培养学生综合运用知识的能力等，这既能提高学生的解题能力，也能培养学生联系的观点，对于培养人具有特殊的意义。

③ 数学发展的辩证性能促进学生树立运动发展的观点

运动发展的观点也是辩证唯物主义的核心内容，而数学发展的辩证性形象地反映了客观物质世界的运动发展，因此，数学发展的辩证性也应成为培养学生运动发展观点的重要内容。

首先，要培养学生树立矛盾运动的观点。数学教育的重要任务之一，就是给学生揭示数学科学发展的原因和规律。而只有把握数学内部矛盾的辩证运动，才能深刻理解数学科学发展的原因，掌握它的发展规律。在数学中，处处充满矛盾，无论是初等数学还是高等数学，无论是概念还是运算，都存在着许多对立统一的关系。例如，正与负、加法与减法、微分与积分、有理数与无理数等。这些矛盾双方的斗争，在一定程度上推动了数学的发展。例如，负数解决了不够减的矛盾，分数解决了不能整除的矛盾，无理数解决了开方不尽的矛盾，等等，从而使数学运算的禁区一次又一次地被突破。整个数学发展过程中还有许多深刻的矛盾，例如，有限与无限、连续与离散，乃至存在与构造、具体与抽象、已知与未知等。只有对这些矛盾运动进行揭示，才能使学生对数学发展的原因有深刻的理解。例如，数学发展史上第二次数学危机就是由有限与无限、常量与变量之间的矛盾引起的。如果教师在教学中，结合教学内容讲一些关于数学发展史的知识，就会加深学生对知识的理解，也会使学生认识到事物内部的矛盾运动是事物发展的动力和源泉。

其次，使学生形象地建立发展的观点。任何事物总是向前发展的，而且是螺旋式上升的，数学也不例外。例如，人们对“形”的认识，经历了从最初的对一些简单几何图形的认识到后来欧氏几何体系的建立。在这一阶段，人们对图形的认识还是静态的。直到笛卡儿建立了坐标系，人们对图形的认识才从静态发展到动态，即把图形看作点的运动轨迹，并从运动的观点来研究几何图形，使常量几何过渡到变量几何。微积分的创立，为几何学的研究提供了新的工具，使几何研究从图形整体形象的特征深入微小局部的性质，又从解析几何发展到微分几何。“形”概念的变化发展，在经历了由有限扩展到无限的过程之后，射影几何又出现了。在初等几何、解析几何、微分几何、射影几何之后，还产生了一种新的几何分支——拓扑学。这种几何学以图形在连续变形下的不变的整体性质为研究对象，使人们对“形”的认识，在由特殊到一般的道路上又向前跨了一步。学生通过对这些知识的学习及对数学科学发展原因的理解，逐渐建立起发展的观点。

最后，使学生掌握事物发展的规律。数学中不但蕴藏着丰富的辩证思想，还包含着由简洁的符号、公式构成的形式语言。许多辩证规律，就是由这样的形式语言明确表达出来的。例如，极限中“ε”和“δ”的定义，就准确描述了“变量”在量变过程中达到质变，即趋于某个“常量”的现象。“否定之否定”规律，在数学教材中也有所体现，如导数概念的形成就遵循了这一规律。

综上所述，在数学教育中进行一些辩证唯物主义基本观点的教育，是可能的，也是必要的。教师可以结合数学实例，使学生从更多方面理解辩证唯物主义，从而有助于学生形成正确的世界观，学生也可以反过来运用辩证唯物主义观点指导数学学习和其他课程的学习。

（2）培养学生的道德观念与良好的个性心理品质

前面已经谈到，数学教育是一种培养人的理性的教育，它不仅可以培养人进行理性思维的习惯，而且可以使人守信守时、遵纪守法。在现代科技迅猛发展的情况下，学生可能接触非常复杂的人和事物。学校不可能给学生将来面临的具体问题准备现成的解决方案，而只能让学生自己运用思维，冷静地进行理性的分析与判断，做出最终的抉择。良好的理性思维习惯是可以训练和养成的，数学教育在这方面可发挥其应有的功能。如果每个人都以理性为出发点看待问题，一些粗暴、野蛮甚至犯罪的行为就不可能发生。另外，现代科技的发展加快了人们的生活节奏，高效率也成为时代的特征。数学教育不仅可以培养青少年对科学的热情以及对从事创造性劳动的爱好，还有助于他们在处理问题时讲科学、讲效率，避免出差错，养成守信守时的良好习惯。数学教育还具有培养人的良好个性心理品质的功能。例如：数学教育可培养人准确、敏捷、迅速、严谨、精密与有条不紊的工作作风；可培养人实事求是、独立思考、注意力集中的学习习惯和刻苦钻研、勇于创新的品质等。

3. 数学教育中课程思政的原则

在数学教育中加强课程思政，必须结合数学学科的特点，并依据课程思政过程的客观规律，才能收到良好效果。因此，笔者提出以下几个数学课程思政的原则。

（1）科学性原则

在数学教育中加强课程思政，要科学地结合数学学科内容恰当地进行，使学生在学习数学的过程中，受到生动活泼的思想教育。要准确把握两者的结合点，防止硬凑；要贴切地结合学科内容进行渗透，防止贴标签式的空洞说教。

（2）可接受性原则

数学教育中的课程思政应考虑不同年龄学生的心理特点，根据他们已有的数学知识基础和思维发展水平，选择切合实际的、学生能接受的内容，有目的、有计划、循序渐进地进行。同一个辩证观点，对于不同年龄的学生，其渗透思政教育的程度不同；同一个知识的教学，对于小学、初中、高中阶段的学生，其渗透思政教育的内容和层次也不一样，圆周率的教学就是一例。

（3）情感性原则

数学教学与学生情感密切相关，数学教学的过程既有知识的传授，又有情感的交融。教师对教学内容生动、深刻的讲授，会使学生兴趣盎然；教师的理与情、情理结合、以情动人，不仅能寓课程思政于教学之中，收到良好效果，而且可以寓课程思政于情感交融之中。

（4）持久性原则

科学世界观的树立、良好道德品质的培养，不是一朝一夕就能完成的，要经历长期的耳濡目染、潜移默化的渐变过程。寓课程思政于数学教育之中，不是权宜之计，而是应该结合教育实际，把课程思政渗透在教与学的全过程。经过长期的精心培养和渗透，自然能水到渠成。

第三节　数学教育中课程思政的途径

1. 学习教育理论，更新教育观念，增强实施课程思政的意识

寓课程思政于数学教育之中，需要教者加强数学教育理论学习，把数学教育与人的全面发展结合起来，提高自身对育人的认识，增强“寓”的意识。数学教育是一个系统工程，不能片面地认为数学教育只是传授数学知识、培养数学能力，而应发挥其整体功能。因此，在制订数学教育目标时，应注意融入课程思政的元素，从而在教学过程中不断渗透课程思政，激发学生的学习兴趣，调动学生学习的积极性，全面提高学生的素质。

2. 挖掘课程思政内容，进行科学世界观教育

数学的客观性、辩证性与统一性，有利于培养学生的科学世界观。数学知识中蕴含着丰富的课程思政内容，教师在数学教育中加强课程思政应先钻研教材，挖掘其中的课程思政内容，力求掌握严密的数学科学体系，从整体上把握各部分知识之间的内在联系，理清思想教育的脉络。例如，在讲解概念时，应剖析概念的本质，使学生对概念有较为透彻的理解并能灵活应用，从而学会分析问题的方法和正确看待问题，这也就在一定程度上培养了学生的辩证唯物主义观点。又如，教师应在有理数教学中引入负数概念，广泛收集现实世界中具有相反意义的量的实例，使学生充分认识具有相反意义的量在生产、生活中大量存在，因而反映具有相反意义的量的正数和负数也是客观存在的，这就有机地向学生进行了唯物主义的教育。另外，教师正确地讲授数学规律，揭示数学知识的内部规律，透过现象抓本质，都有利于学生辩证唯物主义观点的培养。例如，教师在讲授有理数的减法法则时，可以结合内容使学生认识到减法向加法的转化必须具备一定的

条件，即把减数变为它的相反数，这既解决了教学中的难点，又有机地进行了矛盾转化的辩证法教育。总之，结合数学内容深入发掘其中的思想性，有计划、有目的地进行科学世界观教育，就可得到良好的教学效果。

3. 结合数学学习活动，培养学生的思想品德

学习是学生的主要活动，学生的学习目的、态度、方法、习惯是衡量学生思想品德的一个主要标志。因此，结合数学学习活动培养学生的思想品德，也是数学教育中进行课程思政的主要途径。

首先，在数学教育中要激发学生的学习动机。学习动机与人生观有着密切的联系，要激发学生正确的学习动机，培养他们为人民服务的人生志向，就要把“为建设社会主义而学习”作为学习动机的核心内容，并注意处理好这个核心与其他影响学习动机的因素之间的关系。例如，正确处理学习责任感与学习兴趣的关系，一方面要让学生懂得每个人都要为社会尽一定的义务，学好数学是自己的责任，另一方面又要培养学生的学习兴趣，使他们不仅感到应该学，而且乐于学。若只有责任心而无兴趣，则数学学习会成为学生的一项苦差事和沉重的负担，从而抑制他们的聪明才智以及主动性与创造性的发挥。反之，如果只凭兴趣，缺乏责任心，学习情绪时起时伏，学生也不能全面学好数学。在教学中教师还可以结合教学内容有计划地介绍数学发展史以激发学生的学习动机。例如：结合偶数、素数来介绍哥德巴赫猜想和陈景润等的研究成果；结合学生的学习来介绍著名数学家如张衡、莱布尼茨、欧拉、高斯等的成才故事。另外，教师还可经常向学生介绍我国在数学研究上的新成果，以及数学在日常生活和科技中的应用。这样的积极引导，可使学生更喜欢谈论数学问题、阅读有关数学的书籍，在增强其数学兴趣的同时也培养了学生的思想品德。

其次，要在数学教育中结合数学学习方法，培养学生实事求是的科学态度和独立思考、勇于创造的精神。教师既要提倡学生独立思考，又要教育学生谦虚好学、追求真理；既要发展学生的发散性思维品质，又要发展学生的集中性思维品质。将传授知识和道德教育有机结合，将指导学习活动与培养思想品德有机结合，课程思政必能取得

良好的效果。

第四节　数学教育中课程思政的教学过程规划

数学课程思政的教学过程分为入题、获取知识、应用知识、形成价值判断四个阶段。入题，是指提出问题、理解学科知识、获取主题等；获取知识，是指熟悉知识、探知与数学相关的思政元素、问题分析等；应用知识，是指元素的分类与应用、提升价值认识等；形成价值判断，是指正确的世界观、人生观和价值观。（见图 3.1）

教学过程规划的关键在于将学生纳入其中，否则他们只是教学中“纯粹的”教育对象。

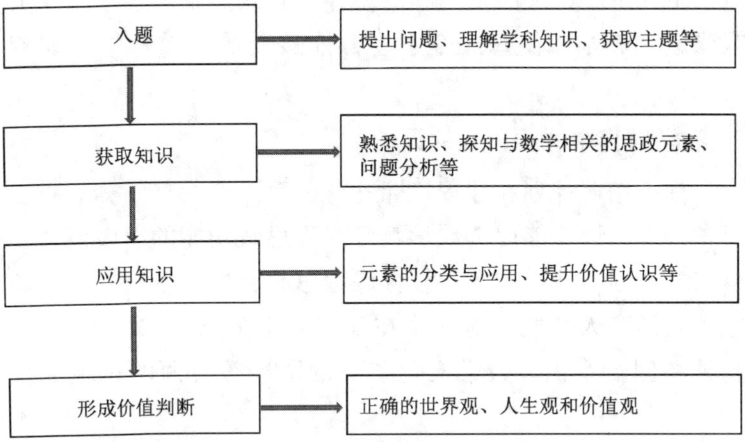

图 3.1　数学课程思政的教学过程规划

第五节　数学教育中课程思政的教学建议与评价

1. 数学教育中课程思政的教学建议

（1）逐步渗透，寓教于学，科学性与实用性相统一

根据数学教学内容的特点，将课程思政元素渗透于数学教学内容之中，实施时应坚持内容的科学性与实用性相统一的原则，把内容的

科学性置于重要地位，有机渗透课程思政元素，重视对学生的熏陶和感染，使学生在理解课程思政内容的同时，在思维能力、情感态度和价值观等方面也得到充分发展。

(2) 资源多元化，充分利用大学教材和基础教育课程资源

根据教学内容、教学条件及课程自身特点，在大学教材和基础教育课程资源中挖掘素材，创造性地使用教材，充分开发和利用各种课程资源，合理分配相应时间，采用形式多元、丰富多彩的教学活动形式。课堂内可以采用项目式学习法（Project-Based Learning，PBL），课堂外可以挖掘课程思政内容，融入各类竞赛活动，如中国高校计算机大赛、“iTeach”全国大学生数字化教育应用创新大赛等。

(3) 学生中心，让每个学生接受课程思政教育

以学生为中心，关注学生个性差异，有效实施以学生为中心的课程思政渗透式教学，使每一个学生都能接受数学教育中的课程思政教育。

2. 数学教育中课程思政的评价

(1) 依据培养计划和课程目标进行全面评价

科学合理的评价能促进数学教育课程思政功能的有效发挥。课程评价应以专业培养计划和数学教育课程思政目标为依据，体现数学教育课程思政的育人功能，对学生在爱国主义情感、唯物辩证法思想、理性精神和创新意识、数学文化与美的陶冶等方面的表现进行全面评价。

(2) 课堂评价

对学生的课堂评价应注意其语言表达与价值观导向的统一，关注学生在数学思考和数学问题解决、教育思考和教育问题解决、教学问题思考和教学问题解决中所体现出的课程思政品质，如爱国主义情感、唯物辩证法思想、理性精神等。

(3) 作业评价

思政课程的作业类型可以是主题类作业、小论文等，或是将作业制作成短视频。评价时应把学生的课程学习和社会参与等结合起来，采用考查和活动等方式，关注学生情感态度的发展，以及学生是否主

动参与学习活动、合作探究等。

（4）考试评价

采用定量与定性相结合的评价方式，积极命制可以考查学生数学教育课程思政的试题，了解学生的数学学科素养和学科精神内化情况，促进学生的进一步发展及教师教学方式的改进。

【思考题】

1. 谈谈你对课程思政和数学教育中课程思政的理解。
2. 谈谈爱国主义情感素材在数学教育中的挖掘与使用。
3. 谈谈理性精神培养素材在数学教育中的挖掘与使用。

第四章　数学课程理论及其发展

20 世纪以来，社会及其经济结构的变革如同新兴技术和知识体系的发展一样，对教育产生了深刻的影响。这些变革还将继续发生，并对教育尤其是对课程发展提出了挑战，所以对于课程发展的需要，绝不仅仅是一时的需要。

经济在发展，教育在进步，数学也取得了令人瞩目的进展。当代，人们都用强调结构的新观点重新认识 19 世纪的数学，于是各种新的门类应运而生。计算机也引起了数学上许多显著的变化，例如，计算数学已进行彻底的改革。此外，经济、地理等学科都变得愈来愈定量化，为数学的应用找到了极为广阔的天地。

第一节　什么是数学课程

数学课程是研究数学教学的发展规律、数学课程的编排理论以及人的发展的一门学科。同时，数学课程又是课程系统里的一个子系统，要弄明白数学课程的含义，建立相应的课程理论，就必须遵循一般课程论的基本原理。

1. 什么是课程

从字面上看，“课程”中的“课”是指课业，“程”是指进程。因此，课程是指“课业及其进程”。它包含两个方面的含义：教学的科目（或内容）以及这些科目（或内容）的教学时间与程序。英文中“课程”一词“curriculum”源于拉丁文中的“currere”，意指“跑道”（race-course），转义为“学习之道”，与“课业及其进程”的意思相近。

对于“课程”这个术语，教育学家曾经做出了很多努力，想给这个术语下一个透彻的定义，但他们始终没有获得一致的意见。不过现在有一点已被普遍接受，就是该词不再仅仅是“课程大纲”的意思。

从现有的研究来看，多种目标和多种价值观形式了多种不同的“课程”概念，同时，学科本身的发展也导致了课程门类剧增的可能性。加上“课程”与“教学”两个概念之间的复杂关系，使得人们在力图抓住课程概念最本质的内涵的过程中，将课程概念的外延也大大扩展了。那么到底应该如何理解“课程”这一概念呢？什么是数学课程？发展趋势如何？要回答这些问题，需要先研究课程发展的历史及背景，了解不同的课程理论学派。

2. 课程发展的历史与背景

20 世纪 70 年代以前，崇尚科学、唯科学主义在人们的思想意识中占据主导地位。在这一阶段，以“泰勒原理”为代表的课程研究占主导地位，它倾向于把课程看作“学校材料”。泰勒认为，课程研究就是探索“价值中立”的课程开发的理性化程序，这种研究倾向于运用自然科学的研究范式来探究课程的规律与程序，属于“工艺学模式”。在他看来，课程规律与程序具有普遍性，是“价值中立”的，与之相对应，课程概念应理解为“课程即学校所设科目”“课程即学校所学内容”等。

自 20 世纪 70 年代以来，“以人为本”的概念逐步被强化，课程研究不再局限于对课程进行开发的论争，而是将课程置于社会政治、经济的背景中来理解并联系个人深层的精神世界和生活体验来寻找课程的意义。这一观点的典型代表人物是美国著名的课程论专家施瓦布(J. J. Schwab)。在他看来，课程是由教师、学生、教材、环境四个要素构成的，这四个要素之间持续的相互作用便构成了实践性课程的基本内涵。教师和学生是课程的主体和创造者，其中学生是实践性课程的中心，教材是课程的有机组成部分。但是，教材只有在成为教师和学生相互作用过程中的积极因素时，以及在满足特定学习情境的问题需要和兴趣时，才具有课程的意义。在施瓦布的课程结构中，教师和学生之间的交互作用是最生动而复杂的，是课程意义的源泉；课程是“具体存在的个体”的“活生生的经验”或“存在体验”，它更主要的是个体的“自我认识”而不是外在于个体的文化知识。

20世纪80年代以后的理论倾向于把课程（curriculum）回归到该词的拉丁文词根，即作为动词的“currere”上，不再强调静态的“文本”，而是强调学生获得知识的过程及经验，认为“课程就是建构自我，建构主体性生活经验的过程”“课程是师生共同参与的意义创造的过程”。这是一种“概念重建主义课程范式”，即以“解放兴趣”作为其基本价值取向，意味着教师与学生能够自主地从事课程创造，能够在不断的自我反思和彼此交往过程中达到自由与解放。

3. 什么是数学课程

对于“数学课程”的理解，必然因对“课程”概念理解的不同而有所差别。

当我们把“课程”看作一种静态的客体，一种预设的、有目的的安排，看作旨在使学生获得教育性经验的计划时，相应的“数学课程”就应定义为：在学校教育环境中，旨在使学生获得促进其全面发展的、具有教育性数学经验的计划。这种定义方式本质上属于“经验说”，即认为“课程是一种经验”，这种经验有着明显的个性色彩，因此，它并非一种全编订的课程，只表述了课程的存在性。

如果我们把课程看作一种静态的，为实现学校教育目标而选择的教育内容的总和，那么“数学课程”就应定义为：为实现数学学科教育目标而选择的数学教育内容的总和。这种定义方式本质上属于“内容说”，它是可建构、可执行的，是对学习者进行教育的、可实施的课程，表述了课程的构造性。

同样，当我们把课程看作一种动态的、由师生共同参与的意义创造过程时，相应的“数学课程”就可定义为由师生共同参与的建构主体性数学经验的过程，是学生获得数学体验的历程。这种定义方式强调了课程的动态性，属于“过程说”，意味着进程、运动、变化和不断地调节。

总之，由于“课程”概念的不统一性，导致我们对“数学课程”的界定有所差别、各有侧重。当人们抽象地研究数学课程时，“经验说”比较适用；当人们按照要求编订教学大纲或者选择数学教学内容时，“内容说”比较适用；当人们强调学习者的主体性和数学学习的活动性时，“过程说”则比较适用。

第二节　数学课程的研究内容

简单地说，数学课程的主要任务是讨论体现数学教育目的的教学内容、确定内容结构体系，以及对课程进行实施与评价的方法等问题，即在学校教育中应该传授哪些数学内容、为什么选取这些内容、怎样展示这些内容等。本节内容参考周春荔教授的分析，对数学课程研究的主要内容进行了叙述。

1. 数学课程目标的研究

(1) 数学课程目标的研究历程

数学课程目标的含义基本上来自一般课程论中对课程目标的定义——课程本身要实现的具体目标和意图。它所期望的一定教育阶段的学生在品德、智力、体质发展等方面达到的程度主要分为四类：认知类，包括基本概念、原理和规律，理解力和思维能力；技能类，包括行为、习惯、运动及交际能力；情感类，包括思想、观点和信念，如价值观、审美观等；应用类，包括应用前三类来解决社会和个人生活问题的能力。

有学者认为，“数学教育目标”是依据我国教育的性质、任务和课程目标，依据数学学科的特点和中学生的年龄特征而制定的，是党的教育方针在数学教学领域中的体现。“数学教育目的”是一切数学教育活动的起点和归宿，也是确定数学教育内容和选择数学教学方法的依据。虽然它们的概念不同，但在具体的论述中与“数学教学目的（标）”是不加区分的。因此，在数学教育研究的历程中，数学教育目的、数学课程目标、数学教学目的、数学教学目标是混用的。

为了对过去30年的研究进行全面的梳理和把握，笔者在中国期刊网搜集了我国学者关于“数学教学目标”“数学教学目的”“数学课程目标”以及“数学教育目标（的）”的研究论文151篇，较具有代表性的数学教育研究类专著20余部。经分析可知，我国数学课程目标设计的研究经历了曲折的过程，并正在逐步走向完善。

因此，“数学教学目标”“数学教学目的”“数学课程目标”及“数学教育目的（标）”等名词只是字面上的差异，在含义上没有本质的区别。中小学的数学课程目标、课程设置、课程内容和教学要求等都由教育部统一制定并颁布，以作为中小学教育教学的依据。数学课程目标以各个时期数学教学大纲中规定的“数学教育目的”为研究对象，具有一定的法定性和权威性，所以人们对其研究的范围比较有限。1978 年至今，对数学课程目标的研究与中国数学课程的发展息息相关，若要梳理数学课程目标的研究，则应在数学课程发展的轨迹中进行。20 世纪下半叶，中国数学课程的发展可划分为以下几个阶段：

① 1950—1956 年，教育史上称这段时期为全面学习苏联时期；

② 1957—1965 年，教育史上称这段时期为探索中国教育体系的时期；

③ 1966—1976 年，这段时期是“文革”期；

④ 1977—1987 年，这段时期是教育恢复期；

⑤ 1988—2000 年，这段时期是教育发展期（1988 年成为中国教育的一个转折点）。

1977—2008 年，数学课程目标的发展经历了以下几个阶段（见图 4.1）：

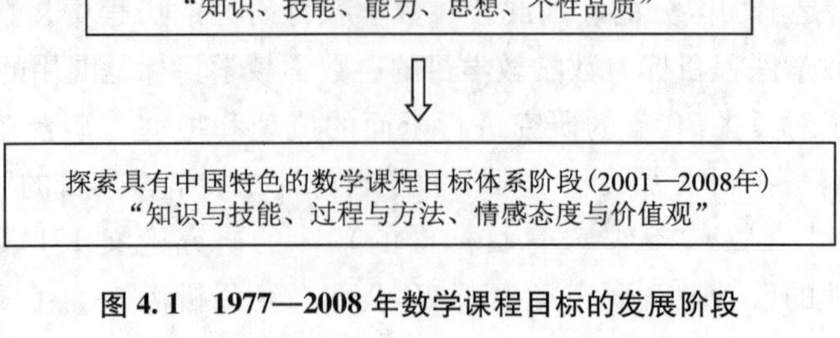

图 4.1　1977—2008 年数学课程目标的发展阶段

（2）数学课程目标的制订依据

影响数学课程目标制订的因素有哪些？对这一问题的回答可反映制订者的数学课程观和升学教育观，直接影响课程设计者设计活动时的价值取向，从而影响课程的设计、教材的编写及课程的实施。下面列举几种具有代表性的关于影响数学课程目标制订的观点：

① 六因素说

曹才翰认为，影响数学课程目标制订的因素有国家的教育方针、义务教育的性质、数学的特点、数学学科在普通教育中的地位及其在整个学科体系中的作用、学生的年龄特点及其心理发展水平、是否切合中国实际。

② 五因素说

傅海伦提出，制约数学课程目标制订的因素有普通中学的性质和任务，数学学科的特点（如数学的抽象性、数学的严谨性、数学应用的广泛性），学生的年龄特征、学习基础和认知水平。

③ 四因素说

周学海提出，应依据人的全面发展规律、社会需要、学科特点、学生年龄特征来决定数学课程目标。

④ 三因素说

课程设计的最重要阶段是确定课程目标，目标本身也已表示选择教材内容的标准。课程目标可依据三个方面的资料加以确定——关于学习者的研究、关于校外生活的研究，以及来自学科专家的启示。这种说法也被称为“三因素说”。

2. 数学课程内容的研究

选择和确定数学课程内容时，应依据数学课程目标分析影响数学教育的因素，包括社会的、数学自身的、教育心理上的，尤其需要了解受教育者的身心发展规律和社会现实对数学的需求。

（1）数学课程内容的选择与调整

数学课程内容是指学生学习过程中接触到的具体实施方法、具体思想、具体原则、具体问题等。任何具体数学内容的选定都服务于一定的数学课程目标，任何课程目标都必须通过一定的数学内容的教学来实现。不同的学者在课程内容的选择上都有着自己的观点，下面列举几种比较具有代表性的观点。

在选择内容时，首先应考虑社会对数学教学的需要，其次考虑中小学数学教育的目标，再次考虑学生的心理特点，最后还要考虑教师的自身素质和现实教学条件。根据这些因素，曹才翰提出课程内容的选择遵循四个原则：基础性原则、可接受性原则、灵活性和统一性相结合的原则、衔接性原则。

丁尔陞认为，数学课程内容的选定，要充分保证数学教育目标的达成，还要从最需要、最基础、可接受的内容出发，即遵循需要和可能相结合的原则。

现代数学课程理论课题组认为，选择具体课程内容时应当注意：① 尊重传统，稳步实现课程现代化，即选择那些从数学学科本身看来是必不可少的内容、对能力培养有重大价值的内容、对学习其他学科必不可少的内容、有实用价值的内容。② 数学内容范围要有弹性，适当扩大学生知识面。③ 增加实践活动，强调数学在实践中的应用。

陆书环、傅海伦认为，数学课程内容是根据课程计划中规定的中学教育的性质、任务和培养目标，数学学科设置的基本要求，以及数学教学大纲、数学课程标准规定的数学教学目标而确定的。在选择具体内容时应遵循基础性标准、时代性与社会作用标准、发展性标准、后继作用标准、适度性标准。

（2）数学课程内容的现代化建设

课程内容的现代化指的是课程内容要适应现代生产和社会生活的需要。我国数学课程内容的现代化经历了曲折的过程：1960 年前后提出的“以函数为纲”的内容改革，因国家政策的调整未进行下去；1978 年的教学大纲中增加微积分、概率统计、逻辑代数等初步知识，但到了 1983 年年初，增加的这部分内容又被删去，直至 20 世纪 90 年代末，高中数学内容现代化的试验才又在二省一市（江西省、山西省、天津市）进行。张孝达对课程内容的现代化提出：首先，教学内容的现代化应该确定当代社会每一个公民所必须具备的数学知识，把它们作为所有学生都要学习的基本要求，而不仅仅是从基础数学和应用数学中选取数学课程的内容；其次，在同一基本要求的基础上实行课程教材的多样化，使学生和教师有更多的自主选择权。

魏海涛从数学课程发展的角度探讨了数学课程内容现代化建设的历程。20 世纪以来，中国中学数学课程内容现代化的演变经历了五个时期：第一次尝试时期（1903—1948 年）、第二次尝试时期（1952—1965 年）、调整时期（1966--1995 年）、第三次尝试时期（1996—2002 年）、继续探索时期（2003 年以后）。在此基础上有学者提出课程改革和建设的四点启示：一是中学数学课程内容现代化要与科技发展相一致；二是中学数学课程内容现代化在引入的过程中要注意使用合理有效的方法；三是中学数学课程内容现代化要在不断借鉴有益经验和试验的过程中进行完善；四是中学数学课程内容现代化必须遵从教育和教学的规律。

周莹从大纲演进的角度分析了数学课程内容的变化：从广度上剖析，大纲的广度在不断地拓宽，因为数学的应用性知识在加强，现代知识也在不断被引进；从深度上剖析，就传统知识范围来说，大纲的深度是不断调整浅化的状态，还有数学思想方法呈现不断渗透的趋势，近代数学的应用性知识也在不断被引进。从教学大纲的发展规律来看，引进近现代应用知识、渗透数学思想方法、扩大知识面以及适当降低传统知识的难度，都是我国数学课程内容建设的重要思路。

另外，有学者从三个方面提出数学课程内容现代化建设的建议：① 要提高教学质量，必然要增加新内容，对原有的内容进行精简，但删减原有教学内容不能削弱对基础知识的教学与对基本技能的训练；欧几里得几何对培养学生逻辑思维能力具有促进作用，在没有找到更有效的办法之前，仍然保留欧氏体系。新增加的内容应是学生能够接受的，要关注所增加的内容与学生年龄特征及其理解力之间的切合性；应有步骤地逐步增加内容。② 对教材分科编写还是混合编写的建议：初等代数与初等几何的研究对象不同，初等代数以研究“数”为主，初等几何以研究“形”为主；它们的研究方法也不同，各有体系，建议代数、几何教材以分科编写为宜。③ 对于渗透现代数学观点的建议：渗透与增新不同，增新主要是增加新的教学内容，而渗透是用现代数学观点来阐述原有内容。

（3）数学课程内容的难度研究

课程内容的难度是以课程内容为表征的预期结果从简单到复杂、从低级到高级的质与量在时间上相统一的动态过程，中小学生课程难度具体表现为课程内容在广度、深度和进度上的时空分布。课程广度是指课程内容涉及的范围和领域的广泛程度，可以用知识点的数量来量化；课程深度是指课程内容所需的思维深度，可以用课程目标要求的不同程度来量化；课程进度是指完成课程内容所需的时间，可以用课时来量化。研究者们把课程难度看作课程广度、课程深度、课程进度的一个函数，其中一个量的变化均会引起函数值即课程难度的变化，从而构建出评价数学课程内容难度的数学模型。

数学模型是用数学术语对部分现实世界的某个特定对象为了特定的目的做出必要的简化和假设，并运用适当的数学工具所得到的一个数学结构。建立数学模型以后，经过数学的演绎、推断，从而得出数学上的结论，然后用这些结论去分析、解释原问题，从而得到解决问题的最终结果。很多学者正是利用建立数学模型的方法来研究课程内容难度的。

史宁中、孔凡哲、李淑文从影响课程难度的三个主要因素入手，构建了刻画课程内容难度的定量模型，即 $N=\alpha S/T+(1-\alpha)G/T$，并以我国义务教育阶段几何课程中的典型主题（即知识块）为例进行了具体分析，如通过“三角形”“圆”“三角函数与解三角形”单元，例谈课程难度的分析与比较，进一步考察初中数学几何课程及其教学内容的发展与变化。

2002 年颁布的《普通高中数学课程标准（实验稿）》中，首次将算法列入高中数学课程，而且属于必修内容。通过比较数学课和技术课中算法的内容及难度，在假设授课时数不变的情况下，降低数学课中算法的难度，对算法形成过程进行分析，得到了对算法教学内容进行适当调整的具体方法：在算法教学中，应当加强程序框图设计的教学，减少算法语句的教学，应将数学课程与技术课程紧密协调，并将算法语句推广到技术课程中进行强化学习。

吕世虎、史宁中、陈婷在分析影响课程难度因素的基础上，构建了刻画课程难度的数学模型 $N=\lambda G/T+(1-\lambda)S/T$，并以此定量比较我国普通高中《数学课程标准（实验稿）》（2001 年版）（以下简称《标准》）与《全日制普通高级中学数学教学大纲（试验修订版）》（2000 年版）（以下简称《大纲》）中三个部分几何内容的难度，得出了以下结论：与《大纲》相比，《标准》中立体几何的内容难度大大降低，解析几何的内容难度略有增加，平面向量的内容难度基本没有变化。

孔凡哲、史宁中通过数学模型 $N=\lambda G/T+(1-\lambda)S/T$，以两个典型的课程内容为例，对我国现行的义务教育 7—9 年级（即初中）的三套典型数学课程标准实验教科书的课程难度进行了定量对比分析，进而对三套教科书与全日制义务教育《数学课程标准（实验稿）》（2011 年版）的吻合程度进行了比较，以此获取关于教科书课程难度定量对比分析的一般模式。

数学课程内容的难度研究经历了从质性分析到开始利用数学模型进行科学的量化分析，进而将这种方法逐步推演到其他学科内容难度的研究过程中。

3. 数学课程实施的研究

（1）数学课程实施的含义

关于“课程实施”，我国课程理论研究者给出了不同的理解。概括起来，他们对“课程实施”的含义有三个方面的共识。

第一，课程实施是将编制好的课程计划付诸实践的过程，是实现预期课程理想、达到预期课程目标、实现预期教育结果的手段。

第二，课程实施是通过教学活动将编制好的课程付诸实践。

第三，课程实施的焦点是实践中发生改革的程度和影响课程实施的因素。

这些含义之间有所不同。有的学者将课程实施放在广义上来研究，认为课程实施是把编制好的课程具体化并使之发生效用的过程，且课程实施包括三个阶段：第一阶段是做出使用课程计划的决定；第二阶段是实施阶段或者说是最初使用阶段；第三阶段是常规化或制度化阶段。有的学者则从狭义的角度来研究，认为课程实施仅指上述第二阶段，其实质是教学。

当前，数学课程实施在具体的研究内容上，更侧重对实践层面问题的探讨。

(2) 影响课程实施的因素研究

课程实施研究的目的是使课程设计发挥最佳的效果，它所关注的问题是课程设计在实际中实施的情况，以及影响课程实施的因素。目前，我国学者对课程实施的研究主要集中在这一问题上，无论是对课程实施的总体考察，还是对不同类型课程实施的具体研究，都涉及课程实施的影响因素。课程一经审定，就要加以实施，这时教师、学生、教科书等多个方面的教育因素都会对课程实施产生影响。

① 学生与课程实施

教育目标是通过课程来实现的，学生在其中起着重要的作用。学生在课程学习中表现出来的种种反应，诸如是否有学习兴趣、能否接受、思维能力能否得到发展等，都与课程实施有着密切的关系。学生在课程实施中起着检验教材内容、范围、程度、编排顺序、结构体系等是否合适的作用。

② 教师与课程实施

教师在课程实施中要发挥主导作用，需要领会教育方针、了解培养目标、熟悉课程计划及课程标准、熟悉教科书、了解教学内容和进度、制订教学计划等。

许多研究表明，教师在课程实施过程中起着关键作用，特别是在课堂教学层面，教师成为课程实施的核心，其他对课程产生影响的因素，一般也都要通过教师这个因素发挥作用，所以在课程实施研究中，教师成为研究者关注的一个重要因素。教师只有对与课程改革有关的信念、教学风格及有关材料有比较深入的理解，熟练地掌握有关技能，才有可能有效地实施课程方案。一种课程方案包含设计者按照一定的想法制定的一系列措施，而课程实施最终的效果如何，取决于教师能否按照方案中所规定的内容创造性地执行。任何一位具有专业知识的合格的教师，都有对于教育、学习者、社会发展等方面的个人认识，都不可避免地会在执行课程方案的过程中将自己的信念和对课程的理解表现出来。另外，教师的个人专业背景、智力水平、个人天赋等也存在差异，因此不同的教师在执行同一个课程方案过程中会产生差别。可见，教师对课程实施的效果起着决定性作用。

③ 教师的课程决策与课程实施

课程决策是指课程的执行者对课程相关问题所做的判断。教师在课程实施过程中的表现是通过一系列决策实现的，所以从教师的课程决策入手可以了解课程实施的具体状况。在课程实施过程中，教师不是被动的执行者，而是主动的决策者。教师在课程实施过程中要面对许多与课程有关的问题，需要熟悉教科书、教学大纲、教学参考书、学生心理以及教学环境等。在教学设计和课堂教学过程中，一些因素又经常发生变化，如教学的环境、学生的情况等，教师需要依据不同的情况随时做出相应的专业判断。这种专业判断就形成了教师在课程实施过程中的决策。教师的课程决策可以分两个层面来分析：一是实际教学前的计划阶段，教师要制订从年度计划到课时计划的不同层次的教学计划。这一系列教学计划，都可以反映出教师在教学过程中对教学目标、教学内容、教学方法以及时间分配等的一系列决策。这些决策是教学的基本思路和教学程序的基础，也是制订教学计划的基础。二是实际课堂教学中的决策。在这个层面上，教师需要将计划中确定的目标、内容和方法等在具体的课堂教学中体现出来，同时根据具体情况做出决策。

④ 教学策略与课程实施

教学是课程实施的主要途径。只有教师把课程计划作为自己选择教学策略的依据，课程才能得以实施。教师在编制课程计划时，需要对教材进行分析，确立教学目标，明晰教学重点和难点，从而为课程实施做好铺垫。

⑤ 应对措施与课程实施

数学课程实施是课程发展的关键。为使课程得以顺利实施，必须制定合理的学校管理机制，如系统的师资培训、完善的监控调节、合理的测试手段等。另外，课程计划本身的特性、课程实施的组织与领导以及各种外部因素的支持，也都是影响课程实施的因素。在实践中，课程研制者如何将课程改革思想传递给教师，教师如何设计课程计划、如何挑战自我，如何将自己的学科知识、教育学与心理学知识转化到教学实践中，都是需要思考的问题。有些教师虽然经过了教学培训，但是依然难以将课程思想融入日常的课堂中。针对这些现象和问题，课程研制者要和教师共同努力，尝试寻找更为有效的课程实施应对模式。

王洁等提出了“课堂改进与理论学习融为一体的教师研修制度”的应对模式。此模式要求教师从教学实际出发，使实际经验和教学理论相碰撞，在数学课程实施的过程中促进同事间的相互指导，注重纵向的理念引领，坚持侧重讨论式的案例教学，进行行为跟进及教学全过程反思。

顾泠沅等提出“通过课例设计促进数学课程有效的实施”，其核心概念是“课例设计”。“课例”是指实际的教学案例，以教学内容为载体，是对教学问题和教学决定的再现和描述，即“讲述教学背后的故事”。“教学背后”是指“为何这样教学”的研究思路。也就是说，课例不仅仅是课堂中呈现的教学实录，还要交代以这种方式教学的理由和认识，其中应包含研究的成分，从而以点带面地推行课程实施。

⑥ 教师专业化成长与课程实施

数学教师专业化成长实践的社会条件正是新数学课程的实施，而数学教师专业化成长也有利于新数学课程的科学实施。在课程实施中，课程方案（理想课程）需要经历教师理解的课程、教师实施的课程、学生理解内化的课程等一系列过程，其影响因素十分复杂。研究表明：学习结果35%的差异可归因于学习过程的差异。也就是说，即使运用了同一方案，不同学校或不同班级的学生，其成绩也有可能达到35%的差异，这种差异来自实施过程的差异。在数学课程实施中差异是允许的，但差异的科学性必须由数学教师的专业化水平作保证。

数学教师专业化成长有利于新数学课程的健康发展。《基础教育课程改革纲要（试行）》（2001年版）指出，建立促进新课程不断发展的评价体系，即新数学课程的健康发展是新数学课程实施中的一个重要内容。新数学课程作为一个新生事物，在许多方面还不完善，且当前它正处在教学试验阶段，许多不足之处需要数学教师对其进行完善和调整，从而使其更符合学生的特点及时代的要求。在新数学课程实施过程中，数学教师由认识、理解新数学课程逐渐转变为驾驭、改造新数学课程，同样也可以使自己的专业水平得到充分的发挥和提高。

数学教师专业化成长有利于完善和创新数学课程与教学论。当前，数学教师专业化成长任务是从实践中总结经验，并使这些经验上升为专业理论，从而使数学课程理论得以完善和创新，为整个课程与教学论的完善服务。可以说，数学教师专业化成长在新数学课程实施中是一种数学教学新文化的创造过程。

课程实施的过程对教师的专业化成长也提出了一些要求，具体如下：

首先，更新数学教师的教育观念。教师的教育观念对他们自身的教育态度、教育行为以及学生的学习效果有显著的影响。所以，数学教师的数学教育观念在其专业素质中起着导向作用。在新数学课程实施中，数学教师的数学教育观念是数学观（对数学的认识）、教育观、人的发展观、课程观、评价观等构成的复合体。这种复合体不是简单的“拼盘”，而是一种融合体，是以数学教学经验为基础，也是运用数学教育研究成果对数学教育的科学的重新认识。

其次，更新数学教师的专业知识。数学教师的专业知识包括数学教育理论知识、数学专业知识、个人实践知识，还有教师在数学教育实践中积累的缄默性知识。

最后，数学课程的实施促进教师研究能力的增强。数学课程实施的能力包括对教材的专业化选择能力、对数学教学过程的专业化设计（包括对新数学课程的调适及创生）能力、数学教学课堂管理能力和数学课程评价能力等方面。

具体来说，在对教材的专业化选择方面，数学教师要结合学生的特点及地方性要求，比较各种教材的优劣及适应性，研究、选择、补充、开发适合教学实际的数学教材，了解当前教材的不足与优势，并扬长避短。

在对数学教学过程的专业化设计方面，数学教师不再一成不变地将教材上的内容照搬到教案上，而是结合学生的特点对教材进行调整、补充和开发，使之适应学生的特点及其学习方式的转变。

在数学教学课堂管理能力方面，数学教学课堂管理能力包括对学生合作学习的组织能力、对探究性学习或研究性项目学习的指导能力等。在数学教学过程中，教师在关注数学知识学习的同时，更要关注对学生的情感态度价值观及其提出问题和解决问题能力的培养。

在数学课程评价能力方面，课程评价是新数学课程实施中最棘手的问题之一，评价中应注重过程与结果相统一的要求。课程评价方式多种多样，需要数学教师结合具体的教育情境，比较各种评价方式的特点及适宜性，选择合适的评价方式，这些都需要数学教师的精心设计、研究和实践。

⑦ 课程实施的取向与课程实施

课程实施的取向是指对课程实施过程本质的不同认识，以及支配这些认识的相应的课程价值观。课程实施的取向集中表现在对课程变革计划与课程实施过程的关系的不同认识方面。根据美国课程学者辛德尔（J. Snyder）、波林（F. Bolin）和扎姆沃特（K. Zumwalt）的归纳，课程实施有三个基本取向，即忠实取向、相互调适取向与课程创生取向。

忠实取向强调课程实施者应“忠实地”反映课程设计者的意图，按照课程设计者建立起来的一套程序和方法将课程计划付诸实践，只有这样，才能达到预期的课程目标。采取忠实取向的教师往往把课程知识的建构看成课堂外的专家的事情，自己只是消极的执行者，把专家研制出的课程付诸实践是自己最主要的职责。

相互调适取向强调的是课程实施过程本身的变化过程，注重课程设计和课程实施之间的相互调适。持这种取向的课程实施者可以根据实际情况采取三种做法：一是局部调适，即课程实施者只对课程计划进行部分调整，以适应课程设计者的意图；二是双向调适，即课程设计者和课程实施者双方都或多或少地改变一些看法和做法，以便能够适应双方各自不同的情况，从而使课程变革更有针对性和实效性；三是课程实施者可以根据自己的旨趣以及面临的实际教育情境做出课程变革，这种变革不必按照课程设计者的意图来进行。这与课程实施的缔造取向非常相似。

课程创生取向关注的是师生的课程建构问题，认为师生是课程知识的创造者，应当致力于课堂中自然发生的课程问题。因此，课程创生取向特别注重课程实施过程中的意义诠释、文化背景、价值认同等。这种取向建立在课程实施者个人的教育观念之上，强调批判性对话和主体意识的觉醒，因而其成败的关键与课程实施者的课程设计能力有很大关系。

4. 数学课程的评价

(1) 数学课程评价的理论探讨

① 数学课程评价的内涵

在界定数学课程概念的基础上，有学者认为数学课程评价是对整个数学课程系统的评价，具体如图 4.2 所示。

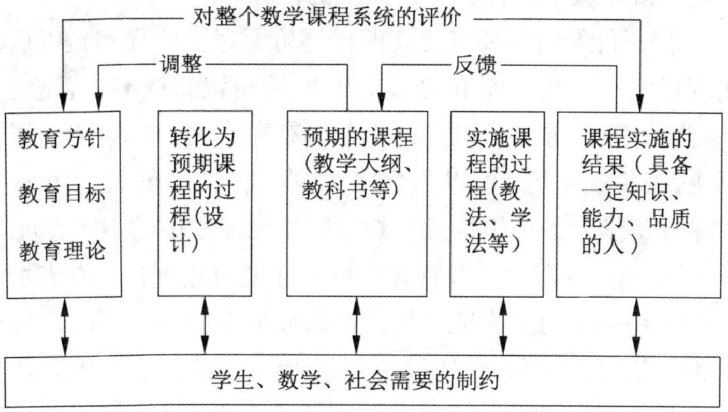

图 4.2　数学课程评价示意图

还有学者认为，数学课程评价是指包括一整套以中学数学课程为对象的评价标准、评价指标体系、评价原则和具体实施方案。其中，评价标准是整个评价理论的核心，它不是编写者主观臆断的产物，而是中学数学课程客观的价值关系在人们主观意识中的反映，并且必须是真实的、科学的反映。评价指标体系是评价标准的基本精神与中学数学课程的基本属性相互作用的产物，是一个具有多序列、多层次的整体化的评价指标群。评价原则是对数学课程评价规律性的认识并用以指导整个评价工作的基本要求。

② 数学课程评价的原则

丁尔陞和唐复苏在其所著的《中学数学课程导论》一书中提出了数学课程评价的五项原则，具体如下：

a. 要有明确的价值观。评价者在评价课程时，心目中要有明确的价值观。例如，如果评价者相信“不论选教什么学科，务必使学生理解该学科的基本结构”，那么他在评价教材时，就要优先考虑教材是不是把这门学科的结构都讲明白了，是不是能够让学生理解这门学科的基本原理。如果这些都达标，那么所选教材就是符合价值标准的好教材。

b. 要确定学科的教学目标。学校课程评价标准的制定首先应明确学科的教学目标，例如，要教给学生哪些知识，培养学生哪些能力，使学生形成哪些思想、观点和信念，使学生养成哪些品德、行为和习惯等。这些既是教学目标，也是课程的任务。

c. 课程评价的内容要广泛。课程评价要考虑课程实施以后教学目标的实现程度。因此，评价的内容要包括知识、技能、思想、观点、信念、行为、习惯等方面，且这些方面有主次之分。为了使课程的评价包括更广泛的内容，可以采用多种评价方式，创设各种不同的情境，大量搜集学生的反馈信息并观察学生在课程中的不同表现。

d. 要有连续的程序。课程评价的程序应有连续性。有人把课程编制过程中的评价称为形成性评价，把课程编制完成以后的评价称为总结性评价。其实，这两个程序是前后衔接、彼此联系、互相沟通的。

e. 要综合整理评价的结果。课程评价中所搜集的资料不应是零散的、互不相关的，而应是相互关联、相互支撑的，评价者需要对这些资料加以整理，以使课程评价具有客观性和准确性。

（2）数学课程评价的方式

课程评价是一门科学性很强的学问，需要用到教育学、心理学和课程、教材、教法的基本理论，以及教育统计学、教育测量学的基本方法。下面列举几种常见的课程评价方式：

① 考试

学生在试卷测试中的成绩，是课程评价的一个重要依据，但它绝不是最重要的依据，更不是唯一的依据。换言之，评价需要考试，评价又不等于考试。

② 调查、预测、借鉴

通过广泛的调查研究，了解社会需求情况，找出社会不同需求的共同点和不同点。同时，还要对社会发展进行展望和预测，考虑科技和社会发展可能带来的变化。此外，还需结合我国的基本国情合理借鉴国外的优秀评价模式。

③ 档案评估法

有学者通过文献介绍了当前美国最流行、最普遍的评估方法——档案评估法。档案评估法是一种完全不同于传统的只用考试成绩对学生进行评估的方法。它是一种能够比较全面地反映一个学生各方面能力发展情况的评估方法。

④ 培养目标评价法

古今中外，教育家们都倾向于把培养目标作为教育评价的第一依据。在教学实践中，由于课程门类、教学内容、教学要求和课时分配都是根据培养目标设置和确定的，因此，培养目标也可作为课程评价的依据。

实施新数学课程后，数学课程评价方式也是多样的。不过在一定时期内，笔试仍然是课程评价的一种重要方式。另外，新课程的评价更加注重对学生的过程性评价，如学生的成长记录档案、学生的自评与互评、家长的评价及社会有关人员的评价等；还可以采用口试、作业分析、课堂观察、课后访谈、大型作业、分析小论文和活动报告等形式进行课程评价。

第三节　数学课程的改革与发展

自中华人民共和国成立以来，我国数学课程的改革与发展经历了照搬苏联模式、学习欧美发达国家课程、摸索适合我国国情的课程体系等几个阶段。数学课程的改革与发展要适合国情与文化传统，但国情与文化传统不应该成为数学课程改革的枷锁。社会的进步、科学发展观的树立、数学观与教育观的更新，促使人们认识到数学课程既要重视数学基础知识与基本技能的传承，更要重视以数学文化作为载体促进学生的发展。

1. 影响数学课程改革与发展的因素

数学课程建设是数学教育改革的关键，体现着一个国家特定时期的数学教育目标和教育思想，对一个国家数学课程的改革与发展具有前瞻性作用。同时，数学课程的改革与发展也受多种因素的影响，如社会因素、数学因素、教育心理因素等。这些因素对数学课程的改革与发展既有制约作用，又有推动作用。

（1）社会因素

在影响数学课程改革与发展的诸多因素中，社会因素是首先要被考虑的。

首先，社会生产力水平决定了社会生产对数学的需要，这是数学课程改革与发展的强大动力。例如，工业革命以前，社会生产基本上是以自给自足的小农经济为主，生产力发展水平的低下决定了人们对数学的需要是十分有限的，与之相适应的数学课程内容极其简单；而如今，数学课程中一些过于“手工化”操作的“术”的地位在不断降低，分析问题、解决问题的数学思想方法及近现代数学知识越来越受到青睐，概率与统计、极限与微积分、逻辑代数等正在不同程度地出现在不同层次的中学数学教学内容之中。

其次，社会政治、经济、文化也影响着学校的数学课程。教育为政治、经济、文化服务，同时也正日益成为改变人们社会价值的手段，如我国中学教育中的“中考”“高考”。

（2）数学因素

随着数学科学的发展，新的数学理论将不断充实到数学课程中，推动着数学课程的改革与发展。也就是说，数学科学自身的发展直接影响着学校数学课程的内容与结构，是影响数学课程众多因素中最革命、最活跃、最直接的因素。20 世纪数学科学的发展变化以及学校数学课程随之发生的变化，可以有力地说明这一点。

一个世纪以前，德国数学家康托尔（Cantor）创立了“集合论”，经过发展，在 20 世纪集合论成为数学最基本的语言。集合论初步的知识作为我国中学数学课程内容已有 20 多年的历史。它对于初等函数、方程、初等几何等的学习有着非常重要的作用。当今，计算机与数学的不断融合，引起了数学研究方法的变化，也引起了人们对数学的认识的变化，用归纳、实验的方法发展数学和学习数学得到了大力提倡，学校教育中的数学实验课程应运而生。

（3）教育心理因素

教育心理方面的发展有力地推动着数学课程的改革与发展，主要表现在新的教育理论或开拓性的工作会成为课程发展的动力。例如，20 世纪 60 年代布鲁纳提出了“结构主义”的课程理论，在理论上为“新数”运动的产生奠定了基础。可以说，任何时期的课程改革都无不带有时代最新教育理论的印记。数学课程的改革与发展还受到课程设计人员的数学专业水平、教育理论水平、思想水平的制约；受到数学教师的专业知识水平和数学教学水平的制约；受到数学教育对象的已有知识水平、思维发展水平和认知兴趣的制约。

除以上主要因素外，影响数学课程改革与发展的因素还有学生的认知发展水平、数学教师的专业素质、历史与传统文化等。

2. 数学课程改革与发展的趋势

我国数学教育建设中形成了较为完善的“应试教育”体系，数学课程更多地体现出其工具价值，数学课程的改革首先应该是价值取向的变革。数学课程的改革与发展应对数学教育价值的挖掘、现代教育技术对数学课程的冲击与影响，以及数学课程理论的元研究等方面予以充分重视。

（1）突出学生的主体性地位

由于新数学课程更加重视学生的主体性地位以及数学学习的过程性与活动性，因此它必然要求改变以往只注重教师传授的单一教学方式，需要更多地采用能使师生互动及学生之间交流合作、自主探索的教学方式。从各国的课程实施来看，问题解决的课程方式一直受到教育界的重视，未来，其他多样化的活动方式进入数学课程教学将是必然的趋势，如综合活动、数学实验、数学欣赏及探究性课题项目等。

（2）与现代教育技术相结合

现代教育技术更加全面、深刻地影响着数学课程的改革与发展。在第9届数学教育国际会议期间，除大会报告对现代教育技术进行讨论外，各种课件、软件和多媒体技术的展示令人目不暇接。此外，某著名计算机公司进行的不间断的教育技术演示和现场培训，让与会人员为我国所取得的教育技术优秀成果感到骄傲的同时，也为我国在数学教育技术的应用及普及方面与国际上所存在的较大差距而感到忧虑。因此，在未来，数学课程如何与现代教育技术进行整合，如何发挥多媒体技术的优势，将是我国数学课程改革的一大趋势和考验。

（3）课程组织上的融合

与不同的课程理论流派相对应，在课程组织上也曾出现不同的流派，其中包括学科取向的课程组织观以及历史和社会取向的课程组织观等。实际上，课程组织的核心问题是序的问题，即课程是以学科自身的逻辑来安排，或是以学科发展的历史顺序来安排，抑或是按照学生的经验及兴趣的发展来安排。此前，我们的大部分教材习惯以学科自身的逻辑来安排，而经过较长时间的讨论和摸索，新教材更加关注学科发展的历史和学生的自身发展。

以上各方面在课程实施过程中的协调统一，也是课程改革与发展的重要趋势之一。

【思考题】

1. 谈谈你对课程的理解。
2. 谈谈你对数学课程现代化的理解与认识。
3. 谈谈教师专业知识与课程实施的关系。

第五章　数学教学理论

数学教学属于学科教学，是在一般教学理论和数学教学理论共同指导下开展的教学活动。本章在众多数学教学理论中选取较为典型的数学“双基”教学理论、波利亚数学教学理论、奥苏贝尔有意义学习理论、弗赖登塔尔数学教育理论进行叙述。

第一节　数学“双基”教学理论

在中国的教学理论中，通常将基础知识和基本技能合称为“双基”。强调“双基”教学，是中国教育的基本特征之一，并已发展为我国基础教育的一种优势。张奠宙教授长期致力于数学“双基”教学理论的研究，认为注重“双基”是我国数学教育的优良传统。

长期以来，数学“双基”被定义为“数学基本知识和基本技能”。但是，“数学双基教学”作为一个特定的名词，其内涵不仅限于“双基”本身，还包括在数学“双基”之上的发展。启发式、精讲多练、变式练习、提炼数学思想方法等都属于数学“双基”发展的层面，与数学“双基”密切相关。

1. 数学“双基”的历史演变

“双基”是中华人民共和国成立后，人们在总结和反思基础教育实践成功经验及历史教训的过程中逐步形成的。回顾“双基”的历史演进，“四阶段说”是学界较为公认的一种划分。

第一阶段。大多数学者认为，首次在我国教学大纲中明确提出基础知识和技能的是1952年的《中学数学教学大纲（草案）》。不过该文本中提及的“技能”，是作为应用数学知识解决各种实际问题的需要而提出的，有别于之后的“基本技能”。这一提法或可被视作“双基”概念的雏形。此后，1954 年及 1956 年版的大纲延续着与 1952 年版大纲相类似的表述。同样地，在 1952 年颁布的《小学算术教学大纲（草案）》中，也对知识和技能有过明确的阐述。

第二阶段。在吸取了中华人民共和国成立初期盲目照搬苏联经验的教训之后，1963 年推出的《全日制中学数学教学大纲（草案）》首次正式提出了计算能力、逻辑推理能力和空间想象能力三大能力，其中的“能力”一词与日后惯用的“基本技能”可视为同义。这三大能力的提出，不仅标志着我国机械模仿国外数学教育模式时代的结束，也对日后逐步形成具有中国特色的数学教育产生了深远的影响。

第三阶段。我国正式且明确地提出数学基础知识和基本技能的表述，是在 1986 年的《全日制中学数学教学大纲》中。其中对数学技能与数学能力做了明确的区分，并将数学知识与数学技能并列为数学教学的基础，标志着“双基”理念在数学教学大纲中正式确立。在此之后的数学教学大纲也大都沿用了类似的表述。此外，该大纲还明确了“双基”与“三大能力”的关系，即“双基”是“三大能力”的前提，“三大能力”是“双基”的目标要求。在 1988 年颁布的《九年制义务教育全日制初级中学数学教学大纲（初审稿）》中，进一步对“双基”的基本含义做了明确的界定：初中数学中的基础知识包括初中代数、几何中的概念、法则、性质、公式、公理、定理等，以及由其内容所反映出来的数学思想和方法。初中数学教学要培养的基本技能是能够按照一定的程序和步骤进行运算、作图及简单的推理。

第四阶段。20 世纪 90 年代，随着应试教育的出现，“双基”教学开始出现异化。这一阶段的教学大纲在逐步细化对“双基”要求的同时，主张降低“双基”的难度，并删除繁、难、偏、旧的内容。然而在实际的教学中，由于考试竞争的加剧，唯分数论思潮的泛滥，“双基”教学逐渐呈现出过分强调知识的系统性、逻辑性与形式化的趋势，强调通过记忆、操练以获得熟练的技能，“题海战术”及“应试双基”等现象也在同时期出现。

2. 数学“双基”教学的悠久历史

在中国，从黄河的麦地文化到江南的稻作文化，农民在小块土地上精耕细作，以辛勤劳动换取更多的收成，形成了重视基本生产技能的传统。处于主导地位的儒家文化，强调的是读书人的基础，即以记忆、背诵、经典理解、文章技法等为学习途径，获得学习的成功。科举考试文化，包括八股文写作，尤其强调学子的基本功。至于清代中期以后的考据文化，则更注重文字训诂的严谨推演。这些传统的合力反映到数学教育上，就形成了“重视基础”的教学传统。

3. 中国数学“双基”教学理论的特征

(1) 记忆通向理解

西方的一些教育理论强调“理解”，忽视“记忆”。实际上，没有记忆就无法理解，理解是记忆的综合。数学“双基”教学强调必要的记忆，例如，使学生对九九乘法表的记忆与背诵成为一种算法直觉，形成计算的条件反射。理解不能孤立地进行，对于能够理解的数学运算规则需要操练，对于一时不能理解的也需要操练，在操练中逐步加深理解。

(2) 速度赢得效率

西方的一些教育理论认为：数学只要会做就可以，不必强调速度。数学“双基”教育理论认为，只有把基本的运算和基础的思考转化为直觉，能够不假思索地进行条件反射，才能赢得时间去做更高级的数学思维活动。心算是一个典型的例子。简单数字的心算当然比笔算、计算器计算要快捷。中国学生在整数、小数、分数上的运算能力，主要体现在运算速度上。中学生在因式分解、配方、代数变形等方面也具有优势。这些基础的建立，能保证学生把注意力集中在“问题解决”的高级思维之上。

(3) 严谨形成理性

西方的一些数学教育理论偏依赖于学生的日常生活经验，中国的数学学习则注重理性的思维能力。中国的传统文化不怕抽象，中国的文化传统讲究严谨治学，因此，中国学生不拒绝“概念的抽象定义和严谨的逻辑表达”。中国学生能够学好西方的“演绎几何”是有文化渊源的。

（4）重复依靠变式

西方的一些教育理论认为，中国的学习只是“重复”的演练，没有价值。其实，中国数学的教学不是简单的重复，而更重视“变式练习”，在变化中求得重复，在重复中获取变化。这些理念成为数学“双基”教学的有机组成部分。

4. 数学“双基”教学的三个纵向层次

数学“双基”教学的纵向层次如图 5.1 所示。

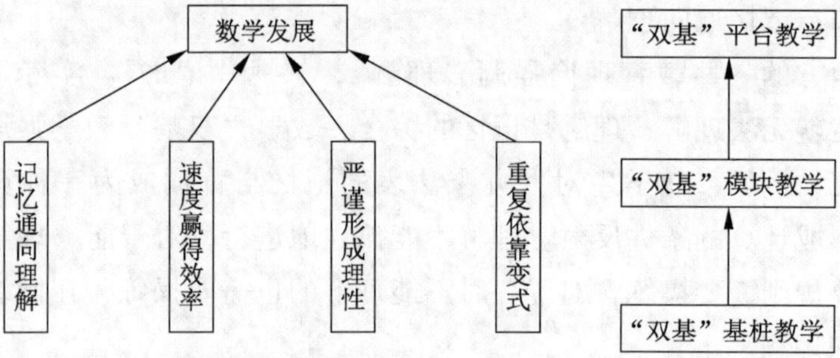

图 5.1　数学“双基”教学的纵向层次

第一，“双基”基桩教学。数学的基本知识和基本技能，可以分为思辨性的和程序性的两类。基础教育中的数学内容，很多属于程序性知识，如分数的计算、有理数的运算、式的运算、证明书写格式等，其记忆与运用以及运算规则的熟练执行都是前人的经验总结，超出学生的日常生活经验。无论学生如何活动，他们从自己的经验中都无法得到“无理数”“负负得正”这样的知识。但是，它们又是整个数学的“基桩”，必须打得坚实，形成条件反射，熟练得成为直觉。中国有成套的教学方法，使学生能够熟练掌握“双基”。

第二，“双基”模块教学。“双基”的基本呈现形式是“模块”，模块的构造如图 5.2 所示，具体内容如下：主要知识点经过配套知识点的连接，成为一条“知识链”，然后通过“变式教学”形成知识网络，再经过“数学思想方法”的提炼，形成立体的知识模块。“双基”模块教学在国内有许多行之有效的经验，例如对于典型例题，通过变式形成问题串，然后将其提高到数学思想方法的高度加以总结。

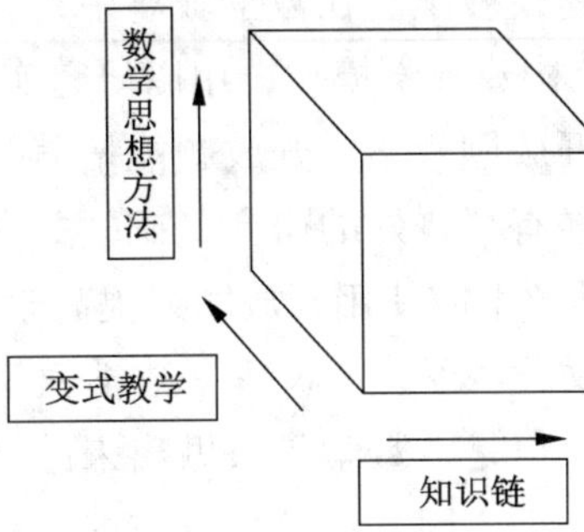

图 5.2　模块的构造

第三，“双基”平台教学。在掌握了“双基”模块之后，必须寻求“双基”的发展，这便是“双基”平台。“双基”平台具有以下特征：基础性——直接植根于“双基”，是“双基”模块的组合、深化与发展；综合性——“双基”平台跨越多个知识点，综合几个“双基”模块，形成数学知识之间的相互联结；发展性——“双基”平台主要为数学解题服务，能够居高望远，看清一些数学问题的来龙去脉，获得解题的策略。

5. 数学“双基”教学的发展

中国的数学“双基”教学已经成为传统，这个传统是不能也不会随意改变的。今天，我们要继承数学“双基”教学的优良传统，求得当代数学教学的进一步发展，特别是将数学“双基”教学和创新能力的培养密切结合。其中包括以下内容：

第一，数学“双基”的要求应该及时调整和丰富。我们不能盲目地打基础，形成“在花岗岩的基础上盖茅草房”的局面。没有基础的创新是空想，没有创新的基础是傻练，如何处理好二者的关系，是数学教育工作者长期研究的课题。

第二，加强数学问题解决的教学。“双基”平台教学，已经是一种推动学生思维发展的教学。数学问题的含义广泛。对于非常规的数学问题，即使偏离“基础”较远，也应该让学生有所接触，以提高其数学思维水平，拓展其数学视野。此外，还应提出好的数学问题，这也是数学教师需要提高的方面。

第三，强化数学建模教学。在数学教学中，教师应该有意识地在“双基”教学的基础上构建数学模型，用以研究实际问题。

第四，加强数学开放题教学。开放题能培养学生的发散思维。在我国，开放题教学已经有了良好的研究基础，并在中考和高考中也相继使用。“双基”数学教学应使用开放题，提高学生的数学创新意识。

第五，加强数学文化教学。“双基”数学教学，主要在逻辑演绎的形式化层面上进行。但是，数学是人做出来的，必然会被打上社会的、时代的、人文的印记。因此，教师应该挖掘数学中的人文背景和文化价值，使数学变得可亲可近。

第六，注重计算机信息技术和数学“双基”相结合。计算机的算法需要数学，数学又需要计算机技术进行拓展。虽然数学“双基”的一部分可由信息技术代替，但是计算机不能代替人脑，数学“双基”依然是必要的储备。这与汽车、火车、飞机能够代步，但人永远必须会走路是一个道理。数学“双基”教学需要保持、培植、批评和发展，从而形成理论，用于指导实践，为形成具有中国特色的数学教育理论并逐步走向世界起到应有的作用。

6. 超越“双基”——“四基”概念的提出

“四基”的概念在《义务教育数学课程标准（2011 年版）》[以下简称《课程标准（2011 年版）》] 中被明确提出，它可以视作对数学“双基”的一种拓延，即除了原有的“基础知识”与“基本技能”外，还增加了“基本思想”和“基本活动经验”。事实上，“四基”并非在《课程标准（2011 年版）》中首次出现，早在 1992 年的数学教学大纲中就有了“四基”的雏形，当时的“四基”是指基础知识、基本技能、基本能力和基本态度。随着人们对数学思想方法重要性认识的不断提升，在全日制义务教育《数学课程标准（实验稿）》（2011 年版）中已有将数学知识与数学思想方法并列的提法。有学者认为，数学知识所蕴含的数学思想方法也是极为值得重视的，与此同时，数学活动经验开始逐步进入人们的视野。

将传统的“双基”拓延为“四基”，新增加的两“基”价值究竟何在？以基础知识和基本技能为核心的数学“双基”教学，能使我国学生对基础知识有更好的掌握，但这样的教学可能无法培养出国家所需的“创新型人才”。因为创新型人才，除了需要具备扎实的知识基础外，还需要掌握一定的思维形式和思维方法，后两者的获得恰恰需要学习者参与活动，这不是教师所能教授的。从这个意义上说，就是要教师教会学生如何思考问题，由此培养他们在相关学科中的思维方法，形成对数学的直觉。就数学而言，史宁中认为，所有的结果应是“看”出来的，而非“证”出来的。这里提及的会“看”结果，凭借的是经验，是思维形式，是思维方法。因而，在他看来，将“双基”拓展成“四基”，其本质是要培养学习者的思维形式和思维方法，从而提升他们的智慧和创造力。

史宁中进一步指出，继承传统的“双基”，是希望学习者能够继续保持理解数学基本知识、掌握数学基本技能的习惯，而新增加的两“基”则是要启发学习者领会数学的基本思想、积累数学活动的基本经验。但是，由于教学时间的有限性，如果要加入新的东西，势必要对之前的东西进行改造。为此，他提出两点建议：首先是去掉一些形式化的东西。这里的“形式”并不等同于“逻辑”，过分强调形式化不利于学习者的思考，且极可能引导学习者趋于八股，并可能掩盖逻辑本身。不过，形式化在判卷方面或有其积极的一面，即在判断学习者是否清楚地理解知识上可能有些益处。其次是区分技巧与技能。反复训练所得的是技巧，这对于一个具体的案例或者在较为有限的范围内也许是适用的；而技能则是可以举一反三的，技巧可能只是其中的个案。因此，在数学教学中，应更多地注重技能而非技巧。

7. “四基”的三维模型

四“基”并不是孤立存在的，它们是相互联结的，是一个“你中有我、我中有你”的交错架构。“四基”的基本形式是一个三维的模块，学习者头脑中的数学正是建立在一个个基础模块之上的。“双基”教学模块实际上已经涉及“四基”中的三个，包括基本数学知识的积累过程、基本数学技能的演练过程，以及基本数学思想方法的形成过程，这三“基”构成了一个三维的“数学基础模块”。值得注意的是，这里建构的模块中的第三个“基”是更为具体的“基本数学思想方法”，而非更为上位的“基本思想”。基本活动经验应是填充在三维模块中的黏合剂。从本质上讲，数学教学是关于数学活动的教学，学习者通过无所不在的基本数学活动获取经验，这些经验与数学基本知识、数学基本技能以及数学基本思想交织在一起，渗透在整个数学学习过程中。

如图 5.3 所示，“四基”中的基本数学知识、基本数学技能和基本数学思想方法，皆属于数学内容，是学习者需要努力掌握的客体对象，而基本数学活动经验则具有学习者参与的主体性特征。从这个意义上说，原有的“双基”数学教学注重的是对客观数学知识和数学技能重要性的描述，而“四基”数学教学则体现了学生的主体性。

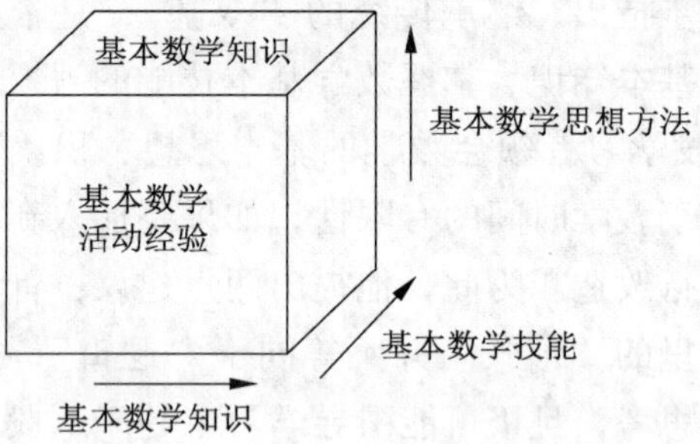

图 5.3　“四基”数学模块示意图

可概括出“四基”数学教学的六个重要特征：① 夯实基础与“题海战术”的必要性；② 提升基本运算速度以赢得思维的高效率；③ 数学知识与技能和数学思想方法并重；④ 用变式训练强化反思与巩固，以深化认知；⑤ 理解原理与算法记忆并存；⑥ 基础与创新紧密结合。

第二节　波利亚数学教学理论

波利亚（Polya）在数学教育方面为我们留下了《怎样解题》《数学的发现》《数学与猜想》等重要论著。从这些书中可发现他所建立的解题精神以及他在数学教育领域极高的造诣。这些书的出版不仅对美国的中学数学教育有重要的指导意义，也轰动了整个数学教育界，是至今仍畅销不绝的数学教育经典著作。

1. 数学的教学目的——教会年轻人思考

波利亚十分重视培养学生的思考问题、分析问题的能力。他认为，中学数学教育的根本宗旨是教会年轻人思考，开发他们的才智、独立性、能动性和创新精神。当然，这些都要有数学知识作为基础。波利亚并没有轻视数学知识的教学，而是认为教师在传授一定量知识（包括发展知识结构）的同时，必须努力发展学生运用知识的能力。

“教会学生思考”必须兼顾数学思维的两种类型，即不仅要教会学生严格的逻辑推理、证明，而且要教会学生非形式的“似真推理”思维（包含教猜想）。“教会学生思考”是社会发展的必然要求。一般说来，学生在学校少学几个具体的数学定义、定理，对他将来的工作和生活影响不大，而“会思考”却是必不可少的。波利亚把中学生以后的职业分为三大类进行讨论，并指出：数学教学应面向全体学生，不管他未来的职业如何，都应能从数学学习中获得益处，数学教学既要有利于具有数学天资的学生（也许是未来的数学家，约占1%），唤起他们对数学的热爱，又要使将来的数学使用者（如工程技术人员、理科教师，约占29%）得到所需要的中学数学基础训练，同时更要使绝大多数未来的不使用数学者（约占70%）有所受益，不至于浪费时光。所以，数学教学应把三分之一的努力花在数学知识教学上，而把三分之二的努力花在培养学生有益的思维方法和思维习惯上。可以看出，波利亚一直强调“教学生思考”，这与我们今天所提的思维教育、发展智力、培养能力是一致的。

2. 数学的教学方法——启发式

为了“教会学生思考”，波利亚认为教学必须采取启发式，而不能用填鸭式将知识硬塞给学生。他吸取了苏格拉底教育思想中的精华，大力提倡苏格拉底的“产婆法”。

苏格拉底的“产婆法”，即采用问答式的探究方法使学习者从正确的思索到产生智慧的过程。它不是不顾学生反应去背诵预先准备好的教案，也不是强迫学生接受，而是要注意观察学生，热心与学生讨论，真正使学生有表达自己意见的机会；它不是用迅速回答来训练人，而是通过提问启发、唤醒学生的思想，使思想在学生头脑中产生，教师只起“助产士”的作用。

波利亚把启发式教学法作为一个专门知识分支加以阐述，并将其应用于解题教学。他认为，启发式教学法的目的是研究导致发现和发明的法则和方法。启发式教学着重于使学生动脑思考问题和解决问题，把教学过程看作以学生为主体的探索与思考过程。启发式教学法一般分为启发引路、阅读探究、精讲质疑、题组练习、总结提高五个步骤。实践证明，启发式教学法是一种提高教学质量的有效教学法。

3. 数学的教学原则

波利亚不认同那些只说不练的原则，他充分注意到教与学之间的密切关系，并在《数学的发现》一书中提出了著名的数学教学与学习的心理三原则，即主动学习原则、最佳动机原则和阶段循序原则。

（1）主动学习原则

学生怎样学才能学得更好呢？大量事实和研究表明：学生只有主动积极地思考，通过亲身发现来获得知识，才会真正理解知识，牢固掌握并灵活运用知识；而直接从教师或书本那里被动地、不加思考地接受知识，可能会很快忘掉，难以真正变成自己的东西。因此，教师在教学过程中应尽量让学生在现有条件下亲自去发现尽可能多的东西，要给学生发现事物的机会，留给学生尽可能多的自由思考的余地，让学生有独立探索的体验，创造促使学生主动学习的环境。教师总是一个题接一个题、一个法则接一个法则、一个定理接一个定理地讲，使学生没有思考的机会，导致他们既不知道这些知识从何而来，又不知道这些知识有何用处，只是抄写、记忆和机械模仿。这样，虽然教师完成了教学任务，讲了大量题解，但是学生却收获甚微。

教师在学生的课堂学习中，应作为一名“助产士”。教师的主导作用在于引导学生自己去发现尽可能多的东西，引导学生积极地参与提出问题、解决问题。波利亚认为，科学地提出问题需要更多的洞察力和创造性，这很可能成为一项发现的重要组成部分，而学生一旦提出问题，则他们解决问题的注意力会更加集中，学习的主动性会更加强烈。总之，教师的教学应立足于激发学生的主动学习。

（2）最佳动机原则

学习者必须有学习的动机。如果学习者缺少学习的动机，那么他也不会有所行动。

目前，中学生的学习动机中有相当一部分是升学，也有的是出于家长的要求，还有的是因为害怕惩罚，但不可否认，确实有一些同学是出自对数学的内在兴趣而认真地学习。在所有动机中，具有最佳激励作用的是对数学的内在兴趣。有了兴趣，学生在学习过程中才能感受到快乐，才会不断地克服困难，从而持久地坚持下去。

然而，学生的最佳动机不是自发的，要靠教师在教学中逐渐培养。不少学生因为老师教得好而对课堂感兴趣，同时教师也有责任使学生感受到数学的趣味和学科魅力。因此，数学教师自己要对数学感兴趣，能体会到数学的内在美，有能力选择适合学生并能引起学生兴趣的教学材料，当然还要懂得如何使用这些材料。

波利亚强调应努力促使学生形成最佳动机，并非排斥其他有利于激发学生学习动机的方法。例如，恰当的表彰和鼓励也有助于激励学生学习。

（3）阶段循序原则

认识学生的学习思维进程是做好教学工作的前提。波利亚在前人成果的基础上，结合自己研究数学的经验并提出：学习过程是从行动和感知开始，进而发展到词语和概念，最后以形成合理的思维习惯而告终。这意味着，整个数学学习过程可分成三个阶段：① 探索阶段，这是人类进行活动与感受阶段，处于直观水平；② 形式化阶段，在这一阶段中人们会引入术语、定义、证明，由直观水平上升到概念水平；③ 同化阶段，在这一阶段中人们会将所学的知识消化、吸收，融入自身的整体智力结构中。每个学生的学习思维必须有序地经历这三个阶段。

4. 波利亚解题模型

波利亚在《怎样解题》一书中给出了问题解决的探索法框架——怎样解题表。全书围绕这张表进行解释，再加上他在后来著作中的深入阐述，就形成了他关于现代探索法和解题教学的理论。“怎样解题表”将解题过程分为四步，每步提出若干个探索法策略。这些策略看起来并无惊人之处，正如波利亚所说“除了其普遍性以外，它们也是自然的、简单的、显而易见的，并且来自普通常识”，但恰是这张被称为“波利亚模式”的表，使他在数学教育、认知科学、思维科学、人工智能等领域名声大振。下面结合其教学理论介绍解题过程的四个步骤。

第一步：弄清问题。

波利亚指出，回答一个尚未弄清的问题是愚蠢的。毕竟有不少学生拿到问题就胡凑乱算，聪明的解题者首先要尽可能彻底而又清楚地了解题目，直至产生解决它的渴望心理，再把全部身心投入题目中，这样才可以解题。弄清问题包括熟悉问题和深入理解问题，具体来说，应弄清未知数、已知数据和条件各是什么，条件是否充分等。

第二步：拟订计划。

解题时主要从联想和回忆两个方面去探索、联结和变更问题。联想“你以前见过它吗？你是否见过相同的问题或相似的问题？你是否知道与此相关的问题？你是否知道一个可能用得上的定理？看着未知数，你是否能想出一个具有相同或相似未知数的熟悉问题？”。通过回忆有关问题，设法在其结果、方法中得到启发。为了利用联想物，有时还要引进辅助元素。倘若问题还不能解决，不妨问一问“你是否利用了所有的已知数据？你是否利用了全部条件？你是否考虑了包含在问题中的所有必要的概念？”。

第三步：实现计划。

用严格、简明的数学语言将解题计划表述出来本是解题和教学的一个重要任务，但却常因“拟订计划”之艰难而被随意带过，视为无关紧要。事实上，实现计划有助于加深对计划的理解，是学习数学语言、训练严密的逻辑推理能力的重要途径。实现计划还包括检验每个步骤的正确性。

第四步：回顾。

通过回顾，可以巩固知识和发展解题能力。“回顾”应做好以下工作：

① 确认解法正确无误，可用特殊化、代入具体数据、联系实际、利用量纲和定义等方式进行检验。

② 思考曾阻碍前进的困难是什么？越过障碍的关键是什么？关键念头是如何产生的？解答中运用了哪些知识和技巧？

③ 一题多解时，选择最佳解法，概括出能用于迁移的方法或模式。

④ 延伸题目，导出新题，再次思考。由此可见，注重解题后的回顾，是减少解题量、缩小题海范围的有效措施。

波利亚还在《数学的发现》一书中进一步论述了逐渐逼近、一般化和特殊化的数学方法。他通过各种有趣的问题，非常巧妙而合理地展示了上述数学问题的解决方法。但波利亚以已经存在的问题为出发点，没有涉及数学化的问题，因此几乎没有讨论相关问题的数量化、抽象化的思考方法，也没有论及“如何养成思考这些问题的习惯”。总体而言，他以问题解决过程为基础，构造性地展示了思维方法。

第三节　奥苏贝尔有意义学习理论

奥苏贝尔（Ausubel）是美国当代著名的认知教育心理学家，他的有意义学习理论不仅用认知结构的观点解释了知识的获得、保持和遗忘，而且用认知的观点解释了知识学习的迁移。他的观点对改进数学教学具有一定的指导意义。

1. 有意义学习的提出

奥苏贝尔尖锐地批评了行为主义者或联结主义者生硬地将实验室里的动物心理研究直接搬到教育研究中，或将动物的心理简单地视为人类心理的错误做法，并于 1963 年在其重要的著作《意义言语学习心理学》中提出了他最重要的学习理论——有意义言语学习理论，奠定了他在当今教育界和心理学界无可替代的地位。

20 世纪 60 年代初，美国著名心理学家布鲁纳针对传统教学方式的弊端，提出了以“发现法”取代“讲授法”，以“学生自主的学习活动”代替“消极被动地接受教师灌输”的主张。他认为教学过程类似于人类探求知识的过程，教师应该鼓励学生自己去发现知识，回答探索过程中产生的疑问，从而解决问题。因此，许多人把发现法看成教学的“唯一法宝”，甚至认为“一切发现学习都是有意义的，而一切接受学习都是机械的”。奥苏贝尔对此持不同的态度，为了阐明自己的观点，他专门发表了《学习理论和课堂实践》等论文。

2. 对学习类型的分析

根据学生学习形式的不同，奥苏贝尔将学习分为接受学习和发现学习两种类型。他认为，接受学习就是教师以定论的形式为学生提供现成的、需要认识的知识，学生通过学习将现成的知识内化到自己已经成型的认知结构中，并在未来的某个时间再现或者投入应用；发现学习则是学生自己去发现需要内化的知识，并将之纳入自己的知识结构之中。

3. 有意义学习理论

(1) 有意义学习理论的内容

奥苏贝尔提出的有意义学习理论，对于提高数学教学质量和效率、研究学生的数学学习过程有着极其重要的作用。所谓有意义学习，就是在新知识和学习者认知结构当中的某些原有知识之间建立起非人为的和实质的联系。这里明确提出了有意义学习理论的两个标准：非人为性和实质性。也就是说，奥苏贝尔对有意义学习理论的阐述包含两个很明确的关键因素：一是新知识与原有知识之间的联系是非人为的；二是新知识与原有知识之间建立的联系是实质性的，而非字面上的。换句话说，也就是新的知识符号要在人的原有意识中找到与之相等的“印象”，使二者在意识中自动地建立联系，并产生心理意义的过程。

奥苏贝尔根据学习材料与学习者之间的关系，将学习分为机械学习和有意义学习两种。机械学习是指学习者并不理解所学材料的含义，而只是死记硬背。有意义学习是指新知识与学习者认知结构中已有的适当观念建立起非人为的、实质性的联系的过程。奥苏贝尔所认为的有意义学习既包括接受学习，又包括发现学习。对学校而言，他认为学生在学校中对知识的学习多半是通过接受学习而获得的，所以其学习理论的重心更加强调有意义的接受学习。他认为在有意义的接受学习下，有潜在意义的课题或材料在内化过程中会成为有意义的课题或材料，如果是机械地接受学习，那么学习课题不是本身没有潜在意义就是没有在内化过程中成为有意义的课题或材料。同时，根据有意义学习的两个条件，他认为，如果材料有意义，但学习者没有学习的心向，只是逐字逐句的记忆，或者说学习者很有学习的心向，但课题没有潜在意义，那么学习过程和学习结果都不可能是有意义的。

奥苏贝尔还认为，所有的课堂学习都可以按照两个维度来划分："接受—发现"的维度和"机械—有意义"的维度。奥苏贝尔一直认为学习过程是学习者在原有认知结构基础上所产生、所进行的一个过程，学习者必须结合已有的相关知识与经验才能对新的概念、规则、命题、问题建立起认知和理解。他认为学习者的学习能力在已有知识的基础上是螺旋上升的，如果学生在学习过程中能够认识、理解新的概念、规则和命题，那么其能力便有所突破。学习只有是有意义的学习，才会更有价值。奥苏贝尔还提出"逐渐分化"与"整合协调"的原则，以更好地实现有意义的学习。"逐渐分化"主要针对下位学习，学习内容的概括性、抽象性由高到低依次分化。"整合协调"主要用于上位学习与组合学习，在逐渐分化的同时指出新旧知识间的联系与区别，学习的知识更加清晰、稳定。学生在面对新的学习任务时，如果其原有认知结构中缺少同化新知识所需要的上位观念，或其自身原有的观念不够清晰，那么教师有必要在呈现学习材料之前，设计一段说明文字、一个概念或一条定律等作为一种引导性材料，也可以用易于理解的通俗的语言或直观、具体、形象的模型进行引导，但这些引导性材料的概括性和包摄性必须比将要学习的材料高，这样才能建立起联系新知与旧知的桥梁。随着后来教育理论的不断发展，学者们将这些引导性材料概括成“先行组织者”。“先行组织者”通常呈现在将要学习的材料之前，也可以呈现在将要学习的材料之后。它并不一定是比学习材料抽象、概括水平高的材料，但可以是某个具体的、特定的概念。

由此可见，有意义接受学习是指学生主动地通过与教师呈现的材料的相互作用来掌握现成知识的一种学习，其过程实质上是学生积极主动地对所学知识进行选择、理解、整合和内化，并在这一过程中将新知识纳入自己原有的认知结构中，以达到对新知识的把握和理解。

（2）奥苏贝尔有意义接受学习理论的类型分析

在奥苏贝尔有意义接受学习理论体系中，他将有意义学习分为三种类型：表征学习、概念学习和命题学习。表征学习是指学习单个符号或一组符号的意义，或者说学习符号代表什么。这是最初级的学习，它通过赋予每一个特殊符号以意义，构建起整个知识框架，这对于学生知识结构的形成和完善起着很重要的作用。概念学习是有意义学习的另一类较高级的形式，其实质是掌握同类事物的共同关键特征。这一学习过程对于提升学生的认知能力和分析能力具有重要意义。命题学习是指学习若干概念之间的关系，真正构建其意义。它是学习的关键所在，也是其与传统教学最大的区别之处。

4. 有意义学习的标志

奥苏贝尔所说的有意义学习（有意义接受学习）是与机械学习相对的，其实质在于将以符号（语言文字及其符号）代表的新知识与学习者认识结构中已有的适当观念建立起非人为性的和实质性的联系。其中，“非人为性”和“实质性”是两个关键词，是区别于有意义学习和机械学习的标志。“非人为性”是指新旧知识之间、新学习材料与学生已有的认知结构之间不是人为强加的、生拉硬拽的任意联系，而是自然内在的联系。“实质性”是指用不同形式的等值语言表述同一概念，其心理意义（理解）不变。语言或符号所代表的新知识与学习者认知结构中的适当观念有非字面的、本质上的逻辑联系。

在教学中进行有意义接受学习必须具备三个先决条件：① 学习材料本身应有逻辑意义，必须符合非人为性和实质性的标准。学习内容对学生具有潜在意义，即能够与学生已有的知识结构联系起来。特别应注意的是，这两个“联系”一定要是非任意性的、非字面的联系。也就是说，这两个“联系”不能是一种牵强的，而应是实质性的联系。是否具备这两个先决条件是判断“有意义学习”的关键，否则就是死记硬背的“机械学习”。② 学生的认知结构中必须具备适当的知识，以便与新知识进行联系，旧知识是学习新知识的认知基础。为此，在新课导入时要引导学生对旧知识进行复习，做好铺垫，架起“认知桥梁”，做到温故知新。③ 学生必须具备有意义学习的心向，即学生具备积极主动地把符号所代表的新知识与其认知结构中原有的适当观念加以联系的倾向。这种倾向可以使新旧知识发生相互作用，促进新旧知识间的意义同化，从而使学生的旧知识得以改造，新知识也获得了新的意义。心向来自学生对待学习任务的态度、所追求的目标、爱好和兴趣、是否想要去理解学习材料并且把新的知识与先前的知识联系起来，等等。有了这样的学习心向，学习才有可能是有意义的。如果学生把新知识的学习当作任意的、没有内在含义和价值的字面词句，不去理解，死记硬背，不将它与先前学过的知识联系起来，那么有意义学习就不会发生。

上述三个条件缺一不可，第一个条件是外部条件，第二个和第三个条件为学生的内部条件。其中，第二个条件为认知因素，第三个条件属于情感方面的因素。要使学生的学习过程成为有意义学习过程，把新知识同化到原有的认知结构中，从而获得新知识，必须具备以上三个条件。

5. 奥苏贝尔有意义学习的心理机制、组织原则和“先行组织者”策略

(1) 奥苏贝尔有意义学习的心理机制

奥苏贝尔认为，有意义学习的心理机制是“同化”。“同化”这一概念最早由皮亚杰提出，指的是个体把客体纳入自身已有的图式中，从而引起图式的量的变化。皮亚杰应用“同化”这一概念是为说明儿童认知发展的内部机制，而奥苏贝尔将“同化”的概念引入学习理论领域，以此来探索学生内部的学习心理机制，从而赋予“同化”

新的内涵。奥苏贝尔认为学生能否获得新知识，主要取决于学生个体认知结构中是否已具有相关的概念。他曾经写道："假如让我把全部教育心理学仅仅归结为一条原理的话，那么，我将一言以蔽之：影响学习的唯一最重要的因素，就是学习者已经知道了什么。要探明这一点，并应据此进行教学。"学习者已经知道的东西就是指学生原有的认知结构，包括学生原有知识的数量、清晰度、组织结构等，它是由学生眼下能回想起来的事实、概念、命题、理论等构成。学生能否通过学习获得新知识，主要取决于他们认知结构中已有的与学习内容相关的观念，当新知识与学生认知结构中已有的相关观念相互作用时，就会引起新旧知识间的同化，从而形成有意义学习。同化的基本意义是将知识接纳、吸收，从而合并为自身的一部分。他的这一观点的重心是学生对新材料的接受程度，学习的关键在于学生原有的知识体系是不是与新知识之间有联系点。在有意义学习的过程中，新材料和原有知识体系的内部知识点相互影响，这种影响不仅是对新材料的影响，还包括对原有知识体系的改变。

奥苏贝尔通过特别的公式来展现同化是如何发生的，他用"a"代表新材料，用"A"代表原有知识体系中的知识点，那么，同化发生的过程就可以用下面的式子来表示

$$a+A\xrightarrow{\text{同化}}A'+a'$$

同化之后，不但新材料的意义有所转变，而且原有知识点也具备了新的意义。"A"转变为"A'"，"a"转变为"a'"。该式表现的只是同化过程中的一个环节，在此环节结束之后，马上就会有新的环节开始，这就是"遗忘"环节。假如在这一环节结束之后，不能很好地实现"$A'+a'$"状态中两个元素的分离，慢慢地"$A'+a'$"的综合就会被"A'"或"A"所取代。也就是说，新材料在新的知识体系中会被遗忘或者被取代。想要减少新知识的遗忘，必须立即进行下一个同化环节，增加新材料中的可利用元素。其进程可以表示为

$$a+A\xrightarrow{\text{同化}}A'+a'\xrightarrow{\text{遗忘}}A'\text{或}A\text{（即}A'+a'\text{还原为}A'\text{或}A\text{）}\xrightarrow{\text{继续同化}}A'+a'\text{（即}a\text{的保持）}$$

同化可分为两种：相关同化和衍生同化。相关同化是指将新的信息与所掌握的相关知识进行整合与延伸。衍生同化指的是改变或重组原有的知识结构，将完全陌生的信息和内容加以连接和衍生归类。当一个人学习新的知识时，如果所学的知识与其认知结构中原有的知识内容相关，那么原有的认知结构就会为新的知识提供分类框架；当其学习的是完全陌生的知识时，这种学习将会是机械的记忆学习，这种机械学习会对全新的认知结构的产生和未来的有意义学习有所帮助。认知结构发展的过程正是一个不断接收、同化新信息的过程，这一过程就是使学习变为有意义学习的过程。总而言之，对新知识的同化让学习变成了有意义学习，而奥苏贝尔的有意义学习理论正是建立在同化理论的心理机制之上的。

（2）学习组织的四大原则

奥苏贝尔还在同化理论的基础上提出了学习组织的四大原则：一为渐进分化原则，主要针对下位学习。该原则认为，在学习新知识时，演绎性获取比归纳性获取更省时、省力且有利于保持。为了避免学生机械地学习或记忆新知识，奥苏贝尔主张在学习新知识之前，先向学生介绍一些与新知识相关、概括性较强、包摄性较广、清晰性及稳定性较高的引导性材料，以帮助学生确立有意义学习的心向。二为综合贯通原则，主要针对上位学习和组合学习。该原则主张在分化出新知识的同时，还要指出新旧知识间的区别和联系，促进二者间的协调并加以整合。三为序列组织原则，主要针对组合学习。该原则指出，对于非上位、非下位关系的新旧知识，可以使其序列化或程序化，使内容由浅入深、由易到难。四为巩固性原则。该原则强调原有认知结构的作用，要求学习者及时采取纠正、反馈等方法，提高认知结构中原有观念的稳定性。

（3）“先行组织者”策略

奥苏贝尔还针对如何贯彻学习组织的四大原则提出了具体的策略——先行组织者。先行组织者是由“组织者”一词演化而来的。奥苏贝尔通过实验强调学生的认知结构对新的学习有重大作用，并认为学生是否掌握新知识关键取决于他们认知结构中已有的相关概念。因此，要实现新知识的学习，首先要加强学生认知结构中与新知识相关的知识。换言之，教师在向学生讲授新知识之前，首先给学生提供一个与教学内容平行的具有较广包容性、较强概括性的引导性材料，然后学生运用这种材料去同化新学习的知识。这种引导性材料被称为“先行组织者”。奥苏贝尔还指出，“先行组织者”能促进学习者关注并唤起已有的知识经验储备，使新知识内化到原有的认知结构中，从而进行有意义学习。“先行组织者”能在学习者有意义学习新知识之前，在他们原有概念与新知识之间架起桥梁，从而使原有概念对新知识起到吸纳、凝聚的作用，促使原有的认知结构对新知识进行同化吸收。

根据所要学习的新知识的性质，奥苏贝尔还列出了两种不同类型的先行组织者。对于完全陌生的新知识，他主张采用说明性组织者（或陈述性组织者），利用更高抽象性和概括性的观念为下一步的学习提供一个可利用的固定观念；对于不完全陌生的新知识，他主张采用比较性组织者，以帮助学生分清新旧知识间的共同点和差异，为学生获得精确的知识奠定基础。“先行组织者”策略下的教学一般分为以下几个步骤：① 呈现组织者，精心选择作为组织者的内容并设计其呈现形式；② 呈现新的学习任务和材料；③ 整合协调，加强认知结构。

第四节　弗赖登塔尔数学教育理论

著名的数学家弗赖登塔尔非常关注教育问题，并且很早就把数学教育作为自己思考和研究的对象。他生平所积累的研究成果和实践经验，不仅改变了荷兰的数学教育面貌，而且极大地推动了国际数学教育研究的发展。

弗赖登塔尔的数学教育思想主要包括三个方面：强调数学教育面向社会现实，必须联系生活实际，注重培养和发展学生从客观现象发现数学问题的能力；用再创造的方法进行教学，反对灌输式教学和死记硬背；提倡讨论式、指导式的教学形式，反对传统的讲演式的教学形式。这些概括起来就是数学现实、再创造、数学化。

1. 数学现实

什么是数学现实？弗赖登塔尔认为，根据数学发展的历史，无论是数学的概念，还是数学的运算与规则，都是基于现实世界的实际需要而形成的。因而，数学来源于现实，也必须扎根于现实，并且应用于现实。他提出，数学教育应该是现实数学的教育，应该从与现实世界密切相关的情景问题出发，即从学生熟悉的现实生活问题出发，使他们通过这些具体的问题去发现数学概念和解决实际问题。他主张数学教育体系的内容应该是与现实密切联系的数学、能够在实际中得到应用的数学，即“现实的数学”。关于“数学现实”的另一主张是，数学应该是属于所有人的，必须将数学教给所有人并且根据每个人的“数学现实”进行教学。他认为，数学不是少数人的特权，数学教育必须面向全体学生，培养适应不同层次、不同行业需要的人才。数学教师的任务之一就是帮助不同学生构造数学现实，并在此基础上发展他们的数学现实。因此，在教学过程中，教师应该充分利用学生的认知规律、已有的生活经验和数学实际，灵活处理教材，根据实际需要对原教材进行优化组合，即“数学教育是现实的数学教育”。

2. 再创造

弗赖登塔尔认为，现在呈现给学生的数学是现成的或已完成的数学。这种数学以形式演绎的面目出现在人们面前，完全颠倒了数学的思维过程和实际创造过程，直接给予人们思维的结果。

他认为，数学教育方法的核心是学生的“再创造”，教师不必将各种规则、定律灌输给学生，而是应该创造合适的条件，提供很多具体的例子，让学生在实践的过程中创造出各种运算法则或发现各种知识，让学生通过自己的“再创造”过程获得知识。真正的数学教育应该是活动的或是创新的，也是遵循数学发展规律的渐近系统化的过程。活动的数学，应教会学生像数学家那样用再创造的方法去学习。弗赖登塔尔也认为，“学习的最好方法是实践”。数学教育的重点应从“教”转向“学”，要让学生在学习数学的活动中学习“再创造”。

弗赖登塔尔关于“再创造”的论述内容很丰富，其要点主要有五个方面：第一，数学是最容易创造的一门科学；第二，每个人都应按照自己的特点重新创造数学知识；第三，每个人有不同的“数学现实”，因而可达到不同的水平；第四，以反思为核心的数学教育才能使学生实现“再创造”；第五，“再创造”应贯穿于数学教育的全过程。

弗赖登塔尔提出的“再创造”是“有指导的再创造”，教师则承担了这项指导任务。教师应当在学生遇到困难时给予指引，不可放任学生自由探究、自由创造。当前，教学中有一种不好的现象，即把学生在学习活动中的主体地位与教师的指导地位相对立，这显然与弗赖登塔尔的思想相背离。他进一步指出，有指导的“再创造”意味着在创造的自由性和指导的约束性之间，以及在学生取得自己的乐趣和满足教师的要求之间，达到一种微妙的平衡。在具体操作中，学生可以创造一些对他来说是新的而对指导者来说是熟知的东西。打个比方，让一个盲人靠自己的摸索到达他从来没有去过的地方或许需要花费很多的时间，中途会碰到无数的艰辛，最终盲人跌爬滚打到达目的地，但更可能的是，盲人摸索到最后还是无功而返。如果把在探索过程中的学生比喻为看不清知识前景的“盲人”，把教师看作有知识的“明眼人”，那么教师就应该始终站在学生身后的不远处，当学生碰到沟壑时，教师应上前牵引他；当学生走错方向时，教师应上前把他指引到正确的道路上来，这就是教师“指导”的意义。另外，并不是所有学生经过数学化的活动都能自动生成精致化的数学形式定义。

事实上，数学的许多概念都是人类经过上百年乃至数千年，通过一代代数学家的不断继承、批判、修正、完善，才逐步精致严谨起来，想让学生通过几节课就生成精致的形式化的概念是不可能的。所以说，课堂上的数学学习，主要还是一种文化继承行为。

3. 数学化

弗赖登塔尔认为，只要现实在多种因素的影响下不断变化、扩大和深化，“数学化”就是一个持续的过程。

在数学化之前，人们就提出了诸如“公理化”“形式化”“图示化”等术语，其中，公理化最早出现在亚里士多德的“完全三段论”和欧几里得的《几何原本》之中。在人类历史的发展中，符号的作用日益突出，但是用符号的方法来改进数学的语言表达是一个漫长的过程。它首先涉及数学的主题，后来也影响了表达这个主题的语言，这种整理、调节和变换语言的过程就叫作“形式化”。而后，人们学会了将一个人的经验和行为范式加以推广，并且通过把它们抽象为定律和法则的方法，创造出适合现实的体系。这个过程称为“图示化”，它考虑的主要是具体的内容，而不是抽象的形式和语言。

弗赖登塔尔认为，人们运用数学的思想方法来观察现实世界，分析研究各种具体事物，并加以整理和组织，经过进一步形式化、抽象化形成新的数学概念、方法、思想等，这个过程就是“数学化”。他还认为，数学化不应该局限于某一个方面，而应该包括数学家的全部组织活动，即它一方面是数学家的数学语言和符号的表达，另一方面是现实生活中语言的表达。对学生而言，“数学化”的学习过程即意味着学生凭借已有的“数学现实”基础，运用数学方法和思维对现实世界进行认知、改造并加以分析、整理和组织的过程，即数学化地组织现实世界的过程。他提出这样一种观点：“与其说是学习数学，还不如说是学习数学化。”

传统的数学教学是教授给学生现成的知识，很多学生不懂得如何将学到的知识进行灵活运用。让学生学习数学化是解决这个问题的根本方法。数学教育不能从那些完美的现成结果开始，不能将规则、定理这些远离现实生活的抽象内容硬性地灌输给学生。在第一水平上，应让学生学习如何将非数学事物进行数学化，根据客观现实形成数学概念、构造数学模型等，以保证数学的应用性；在下一个水平上，则应让学生学习如何构造数学内容、数学化数学本身。

弗赖登塔尔认为，两种水平数学化的主要特征如下：第一水平数学化把生活世界带领到符号世界，而在符号世界里，这些符号被塑造、重塑和操作，它们机械地、会心地、深思熟虑地进行着，这就是垂直数学化。人们在生活中经历的现实形成了生活世界，而符号世界就是它的抽象化。综上所述，第一水平数学化就是把现实生活中的问题转化为数学中的问题，并且这两个问题是处在同一水平面上的，而垂直数学化就是在数学内部将数学问题进一步深化，形成与原先不同的体系，在问题水平上发生了变化。所以在实际问题解决中，我们通常都是从水平数学化开始，以垂直数学化结束。

【思考题】

1. 谈谈从“数学双基”发展到“数学四基”的数学教育意义。
2. 谈谈你对数学基本思想和数学基本活动经验的理解。
3. 例谈波利亚的“怎样解题表”。
4. 谈谈你对弗赖登塔尔数学教育理论的认识。

第六章　数学课堂学习

“把教师当作研究者”的观点认为，教师应该有能力对自己的教育行为进行反思、研究和改进，教师也应有能力针对自己的教育情境提出最贴切的改革建议，即由教师来研究和改革自己的教育实践，而课堂研究是教育改革最直接和最适切的方式。一个合格的教师应该具备研究课堂的基本能力，比如探索以下问题：

“什么样的课堂教学是有效的课堂教学?”

“采取什么样的方法更能有效地分析课堂?”

…………

另外，以课堂教学为中心，教师应凭借课堂的张力向教师教育研究拓展，比如探索以下问题：

“什么样的教师是一个好教师?”

“以课堂分析为基础，如何促进教师的专业发展?”

…………

这一系列问题给课堂教学研究带来了新的挑战，如何有效地开展数学课堂教学研究将是一名数学教师想要成为卓越教师始终必须研究的主题。

第一节　数学课堂学习的研究

课堂学习是狭义上的学习。课堂学习与一般学习的主要区别在于，它是学校情境中的学习，是教师有计划、有目的、有系统、有指导的教学活动，且有“班”的规定，学习内容和时间有“课”的规定。课堂学习形式具有其他学习形式不可替代的优点，主要表现在：

① 把年龄和知识程度相同或相近的学生编为班级，形成一个特定的环境和氛围，使他们成为一个集体，相互促进、相互提高；② 按固定的时间表同时对几十个学生进行教学，有利于提高课堂效率；③ 在学习内容方面有统一的规定和要求，使学习能有计划、有组织地进行，有利于提高学生的学习质量；④ 各门学科轮流进行教学，既能扩大学生的知识面，又可以提高学生的学习兴趣。但课堂学习也有其局限性，主要在于不能适应学生的个体差异，不能顾及每个学生的兴趣和爱好。

课堂学习的特点如下：

① 准备性。学生学习的目的不是在学习期间为社会直接创造财富和价值，而是为参加未来的社会实践活动做准备。

② 间接性。课堂学习的时间有限，又希望学生在有限的时间内学到大量知识，这决定了课堂学习必定以间接经验的掌握为主。

③ 渐进性。人的学习往往伴随着人际交往的广泛接触、交流等活动，使个体知识范畴逐步丰富和扩大。

④ 依附性。课堂学习内容都依据所学课程的教材。

1. 关于“数学学习”的研究成果

下面从不同的视角介绍几个较具有代表性的“数学学习”的概念。本书在分析这些概念的基础上，提出了系统观下的“数学课堂学习”的内涵。

(1) 从“一般课堂学习+数学”的角度

数学学习是根据教学计划进行的、在数学教师指导下获得数学知识、技能和能力，以及发展个性品质的过程。

(2) 从数学科学的角度

数学学习是学生学习的一个重要组成部分。它是指学生依据数学教学大纲，按照一定的目的、内容、要求，系统地掌握数学知识与技能的过程，在这一过程中，逐步地发展自身的各种能力，尤其是数学能力，养成自身良好的数学心理品质；数学学习是一种科学的公共语言学习；学生学习数学必须具备较强的抽象概括能力；数学学习最有利于学生演绎能力的发展。

（3）从学习心理学的角度

数学学习是根据数学教学计划、教学目标进行的，由获得数学知识经验引起的比较持久的行为变化过程；数学学习具有一般的学习特点；数学学习中的“再创造”比其他学科要求更高；数学学习需要较强的抽象概括能力；数学学习中教师的指导在于“点拨”和“引导”学生的思维。

（4）从数学学习的特殊性的角度

数学学习是指教师根据教学大纲，有目的、有计划、系统地使学生掌握数学知识、形成数学技能和数学态度、发展数学思维、培养数学能力的一种特殊的认识活动。

（5）从计划、内容和情境的角度

数学学习是根据教学计划进行的在教师的引导下使学生获取数学知识、数学技能和能力，发展个性品质的过程。具体地说，数学学习是指学生在教育情境中，以数学语言、符号为中介，自觉地、积极地掌握数学概念、公式、法则、定理，形成数学活动经验，发展数学技能与能力的过程。数学学习具有以下几个突出的特点：知难而进，刻苦用功；在“做数学”中“学数学”；循序渐进，不断反思；领悟“数学化”“形式化”；练好“双基”，体验创新；数学学习就是要学会数学的思维方式，这是数学学习的中心与目的。

（6）从社会学的角度

数学学习是一种特殊的社会活动，是学生主动参与教学的能动的反映过程。数学学习是数学学科的学习，它不仅遵循一般学习的共同规律，而且有很强的学科特点，主要表现为：数学学习有着独特的思维内容（确定性思维、随机性思维、模糊性思维）、思维形式（数学概念、数学判断、数学推理）、思维过程（综合与分析、正搜索与逆搜索、抽象与概括、演绎与归纳），以及强思维方法与弱思维方法。数学学习过程是用数学语言符号、数学思想方法进行抽象思维的过程，特别是用数学概念、数学判断和数学推理进行抽象逻辑思维的过程。数学学习有抽象形式化、数量精确化、概括公式化的特点。数学学习不仅是一个掌握知识经验的过程，也是一个训练思维和开发智力的过程。

2. 对“数学课堂学习”的界定

本书将“数学课堂学习”与“数学学习”看作相同的概念。从系统论的观点来看，数学课堂学习是一个系统，并可以从以下几个方面来理解：

① 数学课堂学习是一个特殊的认知过程，它依据一定的教学大纲，使学生在教师的指导和帮助下，有目的、有计划地进行学习，并通过学生对情境的感知，经过记忆、思维与想象，从而获得数学知识和技能并外显为自己的行为。

② 数学课堂学习是情境性学习，是学生在教师创设的问题情境中的学习。

③ 数学课堂学习是一个建构的过程，新的数学学习内容与学生原有认知结构中的有关内容相互作用，从而形成新的数学认知结构或扩大原有的数学认知结构。

④ 数学课堂学习是一个动态的过程，是一个从“无”到“有”的探究过程，是思维的启动、维持与意向生成的过程。

⑤ 数学课堂学习系统是一个开放的系统，它在不断与外界环境进行“信息”交换，求得自身发展。

⑥ 数学课堂学习是在教师、学生和教材构成的系统中进行的。

3. 课堂学习动力研究

(1) 课堂教学动力研究

以往的研究对“教学动力”的理解不尽相同，主要有以下几种观点。

① 教学存在动力论

教学过程发展的动力是社会对学生修养提出的要求与学生现有修养程度之间的矛盾，或是个体认识与社会之间的矛盾。苏联教育家 M. H. 斯卡特金把教学作为人类活动的统一整体加以考察，把教学作为一种特殊的、专门的社会活动。他指出，社会需要是作为一种社会设施产生和保存的主要动力。斯卡特金的研究是针对教学作为一种社会活动为什么能够存在，而不是针对具体的教学过程如何运用的研究。

我国学者吴杰从个体认识与社会历史认识的角度提出了教学动力。他认为，教学过程以人类认识过程的一般规律为基础，它的基本矛盾是个体认识与社会历史认识之间的矛盾。这一矛盾贯穿教学过程的始终，是教学过程赖以存在和发展的动力。教学作为社会文化传递的主要手段，总是以特有的方式使个体的认识尽快达到社会历史认识的现有水平，以保证社会的持续进步。教学中的客观要求与学习者已有经验之间的矛盾、教学要求的思想结构与学习者习惯的思维方法之间的矛盾，以及科学体系与学科结构之间的矛盾的解决是教学过程发展的内在力量。在教学过程中，个体认识不同于一般的认识，它不是长时间地停留在对某一事物或某一知识的认识上，而是连续不断地深入下去。这种不断提高的认识与已有认识水平之间的矛盾，是个体认识发展的动力。

教学过程中的这些矛盾，归根结底是学习者的认识能力（个体认识水平）与他们的认识任务（社会历史认识水平）之间的矛盾。这些矛盾的发展和变化，推动教学过程不断前进。促使这些矛盾运动和转化的动力是教学的外部条件与学习者的内部因素的统一作用。

② 教学内部矛盾论

教学过程的动力是教学过程的内部矛盾。最早论述教学动力问题的是苏联教学论专家 M. A. 达尼洛夫。1960 年他在《苏联学校的教学过程》中写道，“教学过程的动力在于教学过程所推出的学习和实践性任务与学生已具备的知识、技能和智力发展水平之间的矛盾”，“推动‘教’的动力是学生的‘成长困难’，不过，构成‘教’的动力的矛盾只能在特定条件下发挥，并且是能够解决（或者将来能够解决）的矛盾”。他第一次提出“教的动力”的概念并且补充道，形成作为教学动力的矛盾的决定性条件是“矛盾由于成为学生本身意识中的、他的整个个性中的矛盾并被他领悟为困难，因而具有了内部性质”。达尼洛夫很清楚地表达了教学动力产生于教学过程，是教学过程的内部矛盾，受教学过程逻辑的制约，应把教学动力置于教学系统中考察。

"教学过程的动力是由教学进展提出的认识任务和实际任务与学生现有知识、技能和技巧水平及其智力发展之间的矛盾","矛盾作为教学动力产生的必要条件，就是教学过程的进度及其逻辑的制约和准备"，只有正确地提出认识性任务，才能激起学生完成任务和认识新事物的愿望，但这种完成任务的愿望不是自然出现的，而是教育（这里的教育其实是指教学）的结果，所以重要的是教会学生看到认识性任务，捕捉它的意义，并特别了解任务。

另外，德国学者 K. 托马雪夫斯基认为，教学过程的发展动力包含在教学的各种基本矛盾之中。日本学者柴田义松认为：教学过程的动力只有揭示了教学过程中的内部矛盾才能阐明；具体地讲，这些矛盾有教师与教材之间的对立、学生与教材的对立、教学目标与学生学习现状的对立、学生与学生之间的对立等。教学过程的动力来自教学过程中基本矛盾的发展和变化，即由认识任务和实践任务所推进的教学进程同学生知识、技能和智力发展现有水平之间的矛盾构成教学过程的动力。

③ 教学系统动力结构论

推动教学过程发展的那些相互联系、相互作用的矛盾可能是一个有层次的结构。研究教学过程发展的动力问题，就是需要对教学系统的动力结构问题进行阐述，系统的发展依赖于系统自身的自我调节。教学作为一个系统，它的自我调节能力表现为自身的内部矛盾，这些矛盾构成教学过程发展的动力。教学系统有三种调节机制：一是由广泛的显性联系支配的调节机制，二是教学系统中的反馈机制，三是教学系统中的心理调节机制。它们分别对应教学存在动力、教学内部矛盾动力和学习动力。这三种不同的动力构成了一个系统结构，即教学系统动力结构，也就是教学过程发展的动力系统。

用系统的观点来看，教学过程的动力分为两类：一类是宏观动力，其机制是宏观矛盾，即教学过程与社会过程之间的矛盾；另一类是微观动力，其机制是上述基本矛盾。宏观动力是教学系统或教学过程存在和发展的首要动力，但宏观动力不能直接推动教学过程的前进，它只有转化为微观动力才能在具体的教学过程中起推动作用。教学过程的动力结构如图 6.1 所示。

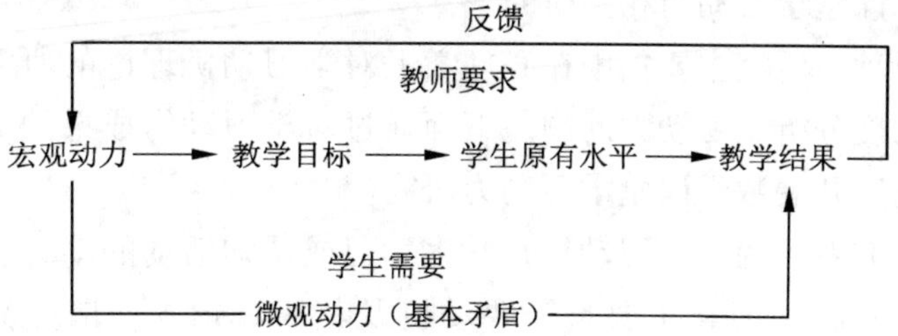

图 6.1　教学过程的动力结构

④ 教学认识动力论

这种理论以教学认识论为指导，提出“教学是师生的双边活动”的双边性质。这决定了教学活动的动力必须来自师生两方面的力量，按照教学活动本身固有的整体性面目来考察它的动力。在教学活动中，作为主导作用的教师，在自身工作动机的推动下，不断地设置诱因，以激发学生的学习动机，即将自己的工作动机转化为学生的学习动机，从而形成整个教学认识活动的动力。

随着从教的动力研究转向教与学的双向动力研究，教学认识动力明确区分了教学动力和学习动力。分析以往的研究资料，教学动力有三种不同的概念：其一，教学动力是指作为一种社会现象的教学存在与其发展的根本原因；其二，教学动力是指作为一种特殊的教育活动的内部运行力量；其三，教学动力是指教学活动的参与者（教师、学生）的行为动力。在教学动力研究中，各位学者使用的概念内涵不一样，研究的角度也自然不同。王本陆在总结各种教学动力研究的基础上提出：教学动力的概念是教学论独有的范畴，应该体现教学系统结构与运动规律的特点；教学动力是推动和维系教学系统运动的力量，它的产生和作用方式受到教学系统结构与逻辑联系的制约；教学动力实体是教师和学生的联合体。他进一步指出教学动力研究与学习动力研究的混同。教学动力与学习动力两个概念的混用，在理论上阻碍了人们更好地把握教学动力与教学整体的联系，以及全面考察课堂教与学的动力结构及其生成规则，在实践方面更强调教师积极的做法，忽视从学生的角度调动学生的思维活动。因此，课堂教学是教学动力和学习动力的结合体，由对教学动力的研究引申出对学习动力的研究。

(2) 课堂学习动力相关研究

学习动力研究主要集中在心理学上对学习动机理论的研究，从非认知的角度分析学习动力问题。下面通过对学习动力成果的分析，从认知的角度开展数学课堂学习动力研究。

有研究者认为，学习动机是学生学习或认知活动的动力，又称学习动力。其心理因素主要是需要动机及其表现形式，诸如兴趣、爱好、理想、信念等，其次是情感因素等。学习动机的激发是指利用一定的诱因使已形成的学习需要由潜在状态转入活动状态，使学生产生强烈的学习愿望或意向，从而成为学习活动的动力。还有研究者认为，学习动力是指学生个体身上表现于学习中的对认知操作起调控作用的一种内部力量，是在学习需要的基础上产生的激发学习的各种能量，是制约学习效果的基本心理变量，更是学生在学习互动中发挥主体作用的关键所在。

动力（动机）有三种功能：① 激发功能，动机能激发机体产生某种活动。有动机的机体对某些刺激，特别是当前这些刺激与当前的动机有关时，其反应更易受激发。② 指向功能，动机使机体的活动指向一定的目标或对象，动机不同，机体活动的方向和追求的目标也不同。③ 维持和调节功能，当活动产生以后，动机维持着这种活动，并调节着活动的强度和持续时间。如果活动达到了目标，那么动机促使机体终止这种活动；如果活动尚未达到目标，那么动机将驱使机体维持（或加强）这种活动，或转换策略以达到这种目标。

动机对有意义学习有何影响呢？一般来说，动机并不直接卷入认知的相互作用过程之中，也不通过同化机制发生作用，而是通过加强努力、集中注意以及对学习的立即准备去影响认知的过程。形象地说，动机变量对有意义学习所起的作用犹如“催化剂”，而不是“特效药”。它并不直接影响认知结构中有关观念的可利用性、稳定性与清晰度，而产生间接的增强与促进效果。

课堂学习的主要动机集中表现在成就动机上。成就动机是指个人愿意去完成自认为重要或有价值的事情，并力求达到完美的一种内在的推动力量，即追求成就、希望获得成就的动机。它分为认知内驱力、自我提高内驱力和附属内驱力。认知内驱力是一种掌握知识、技能和解决问题的需要，即一种指向学习任务的动机和求知的欲望。

动机时常被定义为发动并维持活动的倾向或意向，而非活动本身。心理学家偏爱用动机作用（motivation）来刻画个体释放出的能量和冲动，指导个体将行为指向某一特定目的，并将这一行为维持一段时间的种种内部状态和过程。

从非认知到认知，从策动到维持，它们都是对动力的全面描述。而动机只是学习过程中的一部分，不能全面描述学习中的动力过程。动机只能是课堂学习中的动力因素，与动力不具有相同的内涵和外延。动力系统是由动力因素构成的，包括宏观、中观、微观三个层面，且每个层面都有各自的构成因素。从动机到目的，需要非认知因素的启动（课堂则是策动），若要达到目的，则必须有认知因素的加入。

奥苏贝尔认为，动机对有限的和短时的学习来说，虽然不是不可缺少的，但对于同掌握某一门学科内容有关的持久式的学习来说，却是非常必要的。动机的影响主要通过注意集中、持久性和较大的挫折容忍力等中间变量发生作用。他进一步指出，动机变量在对有意义的学习过程施加影响时，只能给这种过程以活力，起催化作用，而不能产生有特效的结果。可见，对动机的研究不能脱离其与认知因素之间的联系。奥苏贝尔明确指出，动机与学习之间不是典型的相辅相成的关系，绝非一种单向性关系。也就是说，动机可以以增强行为的方式促进学习，而所学到的知识反过来又可以增加学习动机。因此，当学生尚未表现出对学习有兴趣或动机时，教师没有必要推迟学习活动。过分夸大动机的作用或割裂认知因素研究动力都是一种片面的态度。认知因素能影响学习保持本身，而动机变量不能影响有意义学习的保持本身。

从教学动力与学习动力研究的视角来看，教学动力从教的角度和教与学结合的角度进行研究，学习动力主要从动机的角度进行研究。

因此，教学动力的概念界定产生了一些混乱，因为教学动力是教与学的整体动力，也包括学习动力。本书认为，课堂教学过程中的动力可划分为教的动力和学的动力，这两个动力都包含认知的成分和动机的成分。

从系统论的观点来看，教学系统可分为宏观教学系统、中观教学系统和微观教学系统。宏观教学系统研究社会发展对教学的要求以及教学如何适应社会对人才的需要。中观教学系统研究课堂教学环境下教师、教材及学生之间的关系。微观教学系统研究的是教师个体和学生个体。系统论的观点为厘清教学动力和学习动力的内涵提供了新的视角。

学者们对教学动力的研究主要采用矛盾的观点来分析，然而由于人们对矛盾的产生存在不同的认识，因此出现了教学存在矛盾论、教学内部矛盾论、教学系统结构矛盾论和教学认识矛盾论等观点。教学存在矛盾论是建立在宏观教学系统和中观教学系统之间的矛盾，教学内部矛盾论是中观教学系统内部的矛盾，教学系统结构矛盾论是在宏观教学系统、中观教学系统和微观教学系统两两之间矛盾的基础上提出的，教学认识矛盾论则是微观教学系统中对教与学认识之间的矛盾，因此存在教的教学动力、学的学习动力。已有的研究指出，学习动力是指微观动力系统中的个体（指学习者）内部学习动机，这种定义忽略了学习动机的认知成分。本书从认知的角度研究数学课堂的学习动力问题。

第二节　数学课堂学习动力系统研究

1. 对数学课堂学习动力系统的理解

（1）系统观与数学课堂学习动力系统

1968 年，美籍奥地利生物学家冯·贝塔朗菲（L. V. Bertalanffy）出版《一般系统论：基础、发展和应用》一书，意味着系统论的诞生。从此，现代科学进入系统科学时代，用系统的观点研究事物的变化发展成为一个新的视角。

最初的系统概念产生于古代哲学，直到19世纪末20世纪初相对论、量子论、结构语言学等的建立，系统观点贯穿到具体科学的不同领域，才开始给“系统”以严格的科学定义。系统（system）是指具有一定关系和处在相互关系中的元素的集合，这一集合构成一个确定的统一体。如果构成系统的元素称为要素，那么系统就是由若干相互联系、相互作用的要素组成的有机整体。系统本身同结构、联系、元素、子系统等有着密切的联系。

系统论是从整体的角度来描述自然界的，认为系统是由相互作用和相互依赖的若干部分结合成的具有特定功能的有机整体。

系统论的基本观点主要包括以下几个：首先是系统性，系统论认为世界上一切事物、现象和过程都是有机体，且又都自成为系统。其次是动态性，系统论认为一切生物现象本身都处于积极的永不停息的自组织运动之中。传统方法只对各部分各过程进行研究，没有包括协调各部分、各过程的信息，因而不能完整地描述活的现象。事实上，任何一个活的组织都是在与环境发生物质、能量、信息的交换中变化发展并保持动态稳定的开放系统，是由能动的极其复杂的诸多部分构成的。课堂学习活动的中心是学生，学生是紧紧围绕问题进行活动的。再次是序列性，各种有机体都是按照严格的等级和结构组织起来的序列系统，系统均是分等有序的。任何一个系统都和周围环境组成一个较大的系统，是较高一级系统的一个要素，同时它又是较低一级系统中同一层次要素的联结，即形成“级”，逐级联结可形成“列”，而其中组合结构的形式就是“序”，“序列”就是系统的有机联系的反映，稳定的联系构成系统的结构，并保障了系统的有序性。

对系统序列的研究和对系统有序性的运用，开辟了发现规律的新途径，并在一定程度上帮助人们按照规律办事。数学课堂是一个大系统，其中包含有序的、动态的子系统，即启动系统、维持系统和意向生成系统。

分析数学课堂学习应采用系统的观点。系统论是研究一切系统的模式、原理和规律的科学。自然界是一个巨大的系统，人类社会是一个大系统，人类的思维也是一个复杂的系统。课堂学习系统是人类社会、人类思维系统的缩影和受时空限制的动态系统。研究课堂学习系统时应将组成系统的各要素放在系统总的框架中进行考察，而需要集中注意的却是不同数量和不同复杂程度的结构，把细部放到总的框架中去看，系统论的观点总是把系统作为由从属组织部分结合而成的集成整体来对待，从来不把系统当作处在孤立因果关系中的各部分的机械集体来对待。

系统论赋予我们一种透视数学课堂学习的眼光，以及一种系统的思维方式。数学课堂学习动力系统的建构是在考察大量课堂学习案例的基础上，采用系统思维的方式提出的。

（2）复杂性与数学课堂学习动力系统

复杂科学（sciences of complexity）又称复杂性科学，是一门以复杂系统及其复杂性为对象的综合性学科。课堂教学过程本身就是一个由多种要素和多个方面组成，由多重环节展开并受诸多因素制约的复杂系统。数学课堂学习系统同样也是一个特殊的复杂系统。

复杂性和非线性是物质、生命和人类社会进化过程中的显著特征，甚至我们的大脑也受制于大脑中复杂网络结构的非线性动力学。复杂系统的特性如下：① 每一个复杂系统都是由一个或许多个平行发生作用的“作用者”组成的网络。数学课堂学习动力系统中的学生和教师（即作用者）是相互联系、相互影响的，他们之间的关系是变动的，不可能恒定，课堂学习过程总是处于不断展开、不断变化之中。② 每一个复杂系统都具有多层次组织，每一个层次的作用者对更高层次的作用者来说都起着“奠基”的作用，数学课堂学习动力系统是一个启动、维持、意向生成的三级动态运行系统。③ 复杂的适应性系统总是会有很多“小环境”，每一个这样的小环境都可以被一个能够使自己适应在其间发展的作用者所利用，即自主与依赖——动态的共生，数学课堂学习动力系统的每一级关系都有各自的特点。课堂系统中，师—生、生—生之间的关系可以看作一种既独立又依赖的互动共生关系，这就决定了课堂系统不可能沉寂。

复杂性研究主要源于复杂系统的内部诸要素之间的相互作用，以及系统与其运行环境之间的相互作用所导致的系统整体性质和自组织的进化，仅以“还原论”和“决定论”的简单研究方式难以进行更有效的描述或解释。不管是从课堂的存在形式，还是从课堂的组成要素、实践活动等方面来看，课堂都是一个复杂的系统，不能简单地还原为教师、学生和教材构成的平面系统，而是一个三维的空间结构。

复杂性来自混沌与秩序的边缘。复杂系统的复杂性表现在系统组成的成分之间或子系统之间以及系统与系统的运行环境之间有着很强的耦合作用，具有难以线性化的非线性性质。从复杂性的角度看待课堂系统，它代表一种新的态度、一种看问题的新角度以及一种全新的世界观。复杂性为我们思考问题提供了全新的方法论视角。

数学课堂学习动力系统具有复杂性。复杂性系统能够在不需要外部指令，而在一定条件（系统内部要素和外部环境的相互作用）下自行产生特定有序的结构，即自组织。自组织是指一个系统的要素按彼此的相干性、协同性或某种默契形成特定结构与功能的过程。自组织的复杂性说明，系统的自主性和依赖性是共存的或是共生的。课堂学习本身是一个自组织系统，它的中观结构和微观结构都有自组织的特点。复杂性对课堂研究的反思是根本性的。课堂研究不能局限于从复杂的课堂现实中抽象出简单的事实，或运用简单的方法与简单的思维来处理问题。因此，要深刻地揭示数学课堂学习的实质，就必须摈弃简单思维而采用系统思维，即要求我们在思维时永远不要将概念封闭起来，要粉碎封闭的疆界，在被分割的东西之间建立联系，努力掌握事物的多面性。

数学课堂学习的构成要素更复杂，它伴随着认知与非认知影响因素，有显性的和隐性的，有静态的和动态的。可见数学课堂学习动力系统是一个复杂性系统，因而它的研究思路也是多种多样的。以往对学习动力的研究集中在对非认知因素的探讨，本书从认知意义的角度研究课堂学习动力系统。

（3）认知观与数学课堂学习动力系统

从认知的角度研究学习动力系统，开展有效数学课堂教学。认知内驱力实质上是把求知欲作为目的，满足内驱力的奖励在于课题本身。奥苏贝尔对有效教学的建议如下：教授没有学习动机的那些学生，最好的方法往往是暂时不要理睬他们的动机状态，而是把注意力集中起来，尽可能有效地去教他们。因此，在某些情况下，引起学习动机最适合的方法，就是把精力集中在学习的认知方面，而不是动机方面。斯金纳认为，就学校而论，动机的问题不是“传递”动机之事，而是安排好学习与研究的条件、使之起强化作用的问题。数学课堂学习动力系统研究是从认知的角度，分析“教”在数学课堂学习动力系统中的启动、维持以及意向生成过程中的作用。

从学习课题本身寻找激发学生学习的认知条件。奥苏贝尔认为，学生课堂学习的动机由认知内驱力、附属内驱力和自我提高内驱力组成。认知内驱力是指向学习任务的动机，也就是想理解知识、解决问题的欲望，是从好奇的倾向与探究、操作、领会及应付环境等有关因素中派生出来的。这种动机指向学习任务本身，是为了获得知识、获得能力，所以满足这种动机的奖励是知识的实际获得，由学习者本身提供。学习过程中应该让学生对获得知识本身产生兴趣，而不应让他们被各种外来的物质奖励所左右。认知内驱力在三个内驱力中是重要和稳固的，因为认知内驱力是学习课题本身所固有的。在许多学习情境研究中，提供显而易见的奖励对提高学习速度或作业水平只有相当少的作用，或者没有作用，因为许多学习是由课题定向动机或自我提高动机引起的。

2. 数学课堂学习动力及其系统

（1）数学课堂学习动力

数学课堂学习动力，即数学课堂学习的推动力，是数学学习运行、展开的矛盾，即问题。具体地说，它是指发生在课堂场域中，以推动学生积极思维活动为主旨的“以教为向导（启动）→教与学互动（维持）→以学为主（意向生成）”动态发展的学习性问题。数学课堂学习动力的提出，代表一种观点、一种分析和一种研究问题的方法和态度。数学课堂学习就是启发学生认识矛盾、促进矛盾的转化，进而解决矛盾的过程。这些矛盾常常是以具体的问题来体现的。教师怎样引导学生将蕴含在情境中的问题抽取出来，将分散的问题形成有机的“问题链”（教与学互动过程的主要内容，“问题链”分为以教师为主产生的问题链、教与学互动产生的问题链、以学生为主产生的问题链)，从而逐步指向目标——问题的解决。

(2) 数学课堂学习构成动力系统

动力系统是研究现实问题中状态随时间变化的动态规律。例如：牛顿力学的基本任务是研究物体的运动轨迹，也就是要研究物体位移随时间变化的规律；在工程中，无论是发动机、桥梁，还是信号传输，人们都要关心系统的振荡形式；在天文、地理、气象等科学研究中，星体运动轨迹、大气运动现象以及潮涨潮落，都动态地呈现在人们面前。数学课堂学习动力系统不仅研究平衡状态、数学课堂基本运动状态的存在和稳定性，而且更强调运动轨迹的拓扑结构。它重视运动形式的结构的稳定性，探索结构被破坏时运动形式所发生的质的变异。课堂学习系统是时间的函数，因此，数学课堂学习构成动力系统。课堂学习动力系统的研究应坚持整体、维护与转换的原则。

① 动力与整体。整体是性质不同而非完全独立的各种要素的整合体，注重整体是研究事物本质的途径，而事物的部分或因子仅是通向研究事物本质的要素。单独的部分或因子之所以有其自身的意义、功能和确定性，是因为它的所有的一切都归属于整体，都唯其参照“整体”才能显现，脱离了整体，任何部分都无意义，部分是整体中的动力。整体不等于部分的简单机械相加，而是依据某种结构或系统构成的。数学课堂学习动力系统要使师生在教学过程中真正建立起特殊的“人”与“人”的关系，把师生的教学活动当作不可剥离、相互锁定的有机整体，把教学过程看作师生为实现教学目的，围绕教学内容共同参与，通过对话、沟通和合作产生交互影响，以动态生成的方式推进教学活动的过程。课堂教学活动不是“学”围绕“教”或“教”围绕“学”的关系，而是教学过程创造主体之间的交往（对话、沟通、合作）关系，这种交往是一种具有数学思维性质的交往，使“教”与“学”的关系在教学过程的动态生成中得以展开和实现。

② 动力与维护。动力要求各部分有机结合，各部分在集合过程中维护动力的生命，为维护动力，各部分各显其能。在维护的过程中，

系统管理构成因素按照自己的法则统管部分之间的变化，使整体或系统生存。

③ 动力与转换。部分与部分之间、部分与整体之间呈动态变化。动态的转化是动力的根本特征。一个起结构作用的活动，只能包含在一个转化体系里面进行，没有例外，所有认知结构都是转换的系统，如果这些结构不具有这样的转化，那么它们就随静止的形式混同起来，失去一切解释事物的作用。结构都是依据法则而转换的，在转换中维护系统，达到优化系统的目的。结构的静态性质边线为功能，其动态性质边线为动力，动力=功能+指向。动力的动量是功能，流向是整合的方向。

在数学课堂学习动力系统中，学生能否进入教学的初始状态是教学能否对学生发展起真实有效作用的基础，也是课堂上师生交互作用的起点。认识学生在课堂活动中的状态，包括他们的学习兴趣、积极性、注意力、学习方法与思维方式、合作能力、发表的观点、提出的问题乃至错误的回答等，无论是以言语，还是以行为、情绪等方式的表达，都是教学过程中的生成资源。数学课堂学习活动展开的生成性资源是教师对教材加工的结果，它的表现形式是教学和学习活动中的问题情境。问题情境是一个动态变化的情境，它从一种状态向另一种状态不断地进行转换，逐步地逼近学习目标。

【思考题】

1. 谈谈你对数学课堂和数学课堂学习的理解。
2. 阐述问题与数学课堂教与学之间的关系。
3. 谈谈你对数学课堂复杂性的理解。
4. 在第五章数学教学理论中任选一个理论，谈谈它在数学课堂中的有效应用。

第七章　数学课堂分析框架

“教师作为研究者”的观点认为，教师有能力对自己的教学行为进行反思，对他人的课堂进行研究。未来，教师掌握课堂分析方法是开展教学研究的基础。

第一节　基于“数学课堂学习动力系统”的课堂分析框架

基于“数学课堂学习动力系统”的课堂教与学分析框架是在分析所收集到的课例、运用数学课堂学习动力系统研究的结果、总结数学课堂教学的特点、吸收已有的研究成果的基础上建构的。它包括数学课堂学习动力系统的教与学分析展开图、分析变量和分析流程三个部分。

1. 数学课堂学习动力系统的教与学分析框架的特点

数学课堂学习动力系统的教与学分析框架有以下特点。

(1) 整体融合性

课堂学习是一个有机的整体，其中的每一个阶段都无法孤立存在，任何一个过程都是建立在其他过程良性运行的基础之上的，这样才能形成有效的课堂学习。在研究时，为了更好地认识数学课堂教与学中各种动态要素的相互作用，也应将课堂教与学的分析看作一个整体。

(2) 动态生成性

课堂教与学的动态生成是指课堂教与学是在不断变化的过程中生成的，在生成过程中充满了变化，事先根据课堂教学的输入条件及其他相关因素，并不能必然地推导出有效的课堂学习。课堂活动不仅是师生认知过程的产生和演化，而且是一个情感、个性和智慧的综合生成过程。另外，课堂的动态生成性也是指课堂教与学过程中各活动要素（教师、学生和教材）的不断生成。比如：学生在课堂中不断产生理解、想象和表现的欲望，会产生探索和发现的动力；教师在组织课堂教与学的过程中生成创造性的灵感，在处理突发事件时产生意想不到的教学机智等。

（3）问题驱动性

在我国数学课堂教学中，绝大多数新知识是由旧知识引起的。在一节课开始之前，教师通常以复习提问的形式引起学生的思考，并设计一系列的问题，让学生在与新知识有关的已知内容的“温故”中，理解新知识的意义。由“旧知”引出“新知”会产生两种可能的教学形态。一种形态是使学生从“旧知”中产生困惑或新的情境，从而激发学生发现新知、认识新知、获取新知的欲望和行动，经历知识的产生、发展过程。另一种形态是淡化从“旧知”到“新知”的发展过程，教师直接把新知识告诉学生，学生只要所谓的“会用”就行了。本研究本着发现课堂中问题驱动式教学进行的因素，以问题的表现形式分析课堂学习的有效性。

2. 数学课堂学习动力系统的教与学分析展开图

数学课堂学习动力系统的教与学分析展开图（见图7.1）显示了数学课堂学习中的连续流程。

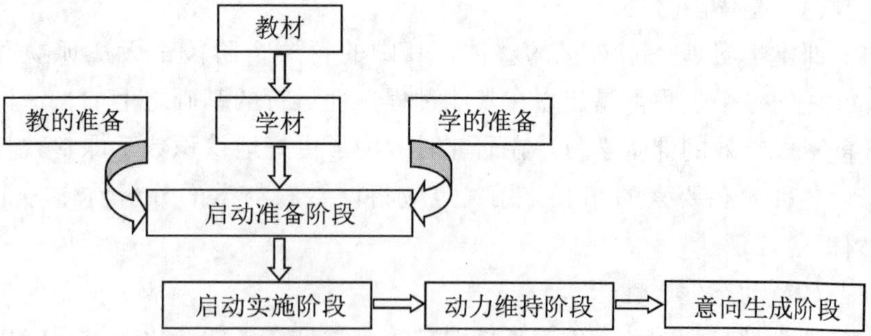

图7.1　数学课堂学习动力系统的教与学分析展开图

这个流程分成四个阶段：①启动准备阶段，教师将教材进行情境化加工，将其转变为学材，学材、教的准备和学的准备构成了启动准备；② 启动实施阶段，在启动准备的基础上展开教与学的活动；③ 动力维持阶段，即启动学习后维持其良性运行；④ 意向生成阶段，课堂学习是一种指向学习目标的活动，在活动中会产生生成性的成果。

3. 数学课堂学习动力系统的教与学分析变量

数学课堂学习动力系统的教与学展开图从宏观的角度提供了课堂学习分析的系统思路，从微观的角度将各个过程的分析以变量的形式给出，涉及准备变量、预设变量、过程变量和成果变量。

（1）准备变量

准备变量可以从两个角度来理解：一是整个系统（母系统）的启动准备；二是子系统的过渡准备，如一级系统向二级系统过渡的准备、二级系统向三级系统过渡的准备，包括教的准备、学的准备和教材加工的准备。

① 教的准备

为了上好一节课，教师在课前要进行一系列准备，这些课前准备工作称为备课。备课是教学的基础，它对教学质量起着决定性作用。备课的内容包括：学习课程标准、钻研教材内容、阅读参考资料、研讨他人有关教学经验，以及深入了解学生情况、确定恰当的教学方法、制订学年或学期教学计划、编写课时教学方案等。

教的准备不仅包括备课所涵盖的内容，而且包括教师思想中的教学观念，即学生观、学习观和教学观。学生观是指教师是否提供机会让学生主动地参与学习活动，进而动手、动脑，让学生亲自感受和理解知识产生和发展的过程。学习观是指教师是否为学生提供独立思考的机会，使他们自主探究知识的产生过程。也就是说，学生是否可以按照自己的基础和习惯、水平和能力进行想、做、说、写等活动，独立发现问题、解决问题并得出结论。教学观是指教师对数学本质以及数学学习认知过程的一种认识，涉及数学的性质与特征、获得数学知识的认识过程。教学观也考察教师是否将数学看成动态的、以问题为核心的过程。

以上这些教的准备都可以在教师的教学设计和课堂实践中反映

出来。

② 学的准备

a. 学生能力起点的确定。学生能力起点是指学生在接受新的学习任务之前，其原有知识、技能的准备程度，这些是学生习得新知识与技能的内部条件，在很大程度上决定了教学成果的好坏。研究表明，与智力相比，能力起点对新知识的学习起更大的决定作用。

b. 学生对新知识的建构依靠学生关于新知识的生长点。这是教师为学生准备的学习的基础，也是学生为自己准备的学习的必要条件。

③ 教材加工的准备

教材能向学生提供知识的素材，培养学生的思维、素养、价值观、创造力等都是运用教材的结果。教材加工的准备主要考察教师在教学现实中是否把教材中的知识融入情境，让学生在使用教材的过程中发现知识。

(2) 预设变量

预设变量是指对母系统和子系统运行策略的预设和目标的预设。

① 策略预设

策略变量是指教学策略的动态和静态的构成。在动态的教学过程维度上，策略变量是指教师有意识地选择和筹划教学方法及灵活处理相关问题的过程。它具有以下特征：第一，教师具有对教学目标的清晰认识和努力意向；第二，教师具有对有效教学实践的一般方法的设想；第三，在目标实现过程中，教师具有对具体教学方法的灵活选择和创造性地应用的能力。教学策略的静态内容构成维度是动态的教学过程维度的反映，即教学策略的内容构成产生于对教学策略的动态认识。在静态的教学内容构成上，教学策略具有三个层次：第一层次是指影响教学处理的教育理念和价值倾向；第二层次是指对达到特定目标的教学方式的一般性规则的认识；第三层次是指具体的教学方法。本书主要考察如何用教师的“教”引发学生“学什么”“为什么学”“怎么学”的策略、“教”与“数学”如何对应的策略、启发式的探究教学如何与教师讲授协调的应对策略。

② 目标预设

a. 对问题情境的理解：能否把蕴含在情境中的数学问题提炼出来。

b. 对知识的理解，包含三个层次：第一个层次是转换，即用不同的数学语言（文字的、图形的、符号的）表达已知概念和信息，或将一种符号转换成另一种符号；第二个层次是解释，学生能将图式中的各个部分与现实事件联系起来，并且能从信息的不重要的方面提取关键的方面——蕴含数学的内容；第三个层次是外推，这种行为期望信息接收者能跨越文字信息本身对其结果做出推论，或有意义地扩展时间范围、样本或主题。

（3）过程变量

过程变量是存在于母系统演化过程和子系统运行过程中的变量。它包括情境、问题情境、问题的产生、问题链的产生，以及教的行为与学的行为。

① 情境与问题性

“情境”是指数学知识产生和应用的具体环境，可以是真实的生活环境、虚拟的社会环境、经验性的想象环境、抽象的数学环境。“问题”在这里是指数学问题，是学生个体与已有认知产生的矛盾冲突，是不能被理解或不能被正确解答的数学结构，且不可以用先前已有的知识和经验轻易解决。情境与问题性主要考察以下几个方面：

a. “情境”是否有利于生成将要学习的问题。“情境”是学生最初接触的，也是“问题情境”的初始状态。问题解决需要从“情境”过渡到“问题情境”。

b. “问题情境”是否具有挑战性，能否引起学生的认知冲突和学习意向，能否激发学生的兴趣，能否促进学生积极参与并勇于接受问题的挑战。

c. “问题情境”是否具有体验性，能否给学生提供深刻的体验。比如，它能否促进学生积极参与探究，能否使学生感受、体验数学的乐趣，是否有利于学生发现问题、提出问题能力的提高。

② 教的行为

如果说教师教什么，学生就听什么，那么学生的主体地位就不明确，很容易让课堂变成教师主宰教学。教师应正确认识自己在教学过程中的引导性角色，引导学生去质疑、去发现、去探究、去归纳、去判断、去概括等。其外显的表现如下：

a. 教师设计的问题是否具有开放性。如在“指数函数与对数函数的关系”的教学中，提出“它们之间有什么关系呢?”“你打算怎样去思考?”等问题，而不是直接问封闭性的问题。

b. 教师设计的问题是否包含策略和方法的暗示。数学教学中的启发主要是暗示，教师通过给学生必要的暗示来启发学生思考，学生通过自己的思维活动获得暗示。

c. 教师是否进行分级提问。如“它们之间有什么关系呢?”“你打算怎样去思考?”在学生不能提出问题的情况下，使用更为接近元认知的问题，“你们看，这两个函数是不是有藕断丝连的感觉？既然藕断丝连，那么你们可以研究什么?”如果学生还不能提出问题，那么教师再给出要研究的问题。

d. 教师是否使用直观图形进行启发。新课标特别强调直观图形的作用，指出应充分利用直观图形并将其作为理解数学、思考数学的工具。

e. 教师是否修正学生提出的问题。如“能不能把你的问题表述得更加明确一点呢?”。

③ 学的行为

a. 学生能否在教师的引导下提出所要研究的问题。如“指数函数与对数函数的关系”这节课，意在指导学生初步获得反函数的概念，教师与学生共同复习指数函数与对数函数的概念、性质，然后提出“我们要养成学习一些知识以后就把它们进行横向联系的习惯”的方法论、“我们已经复习了两个函数的有关知识，你们下面想研究什么？你们能提出什么问题?”。通过教师的启发，激起学生趋向目标的思维，观察学生能否回应教师的问题。

b. 学生能否主动发现要学习的知识。如在“求方程的近似解”

的教学中，教师引导学生去探究发现“逼近”这个重要的数学思想，而不是把逼近的思想告诉学生。

c. 学生能否回应教师的提问。在“到角公式”课堂中，用来描述两条直线位置关系的“到角”概念被探索出来以后，教师问学生：“你们认为这个‘到角’最后成为什么样子，这两条直线的位置关系才能被刻画清楚?”学生回应道：“如果能找到‘到角’的公式就好了。”

（4）成果变量

成果变量是从母系统的成果和子系统的成果两个角度考察教与学的目标达成情况。也就是说，成果变量从预设成果和生成成果两方面分析教与学的目标。

① 预设成果

预设成果是预设变量在课堂教与学系统中运行后所达到的预期的结果。

② 生成成果

生成成果是在强调课堂教与学动态生成性的基础上提出的。生成是动态的生成，是对教学过程可变性的概括，是强调课堂教学过程的预先设定性、计划性、规定性的一个重要补充。动态生成性是指在教学活动中会涌现出许多意想不到的信息和问题，教师不能机械地按照原定的教学计划一成不变地进行教学，而应凭借自身的素质，根据学生的学习情况，把教学中人的、物的、精神的诸多因素有机结合起来，并对之灵活地调控，积极引导教学活动不断更新，生成新的超出原教学计划的教学流程。

数学课堂学习动力系统教与学分析变量中的准备变量，在预设变量、过程变量和成果变量中都有所体现。图 7.2 所示为数学课堂学习动力系统教与学分析变量示意图。

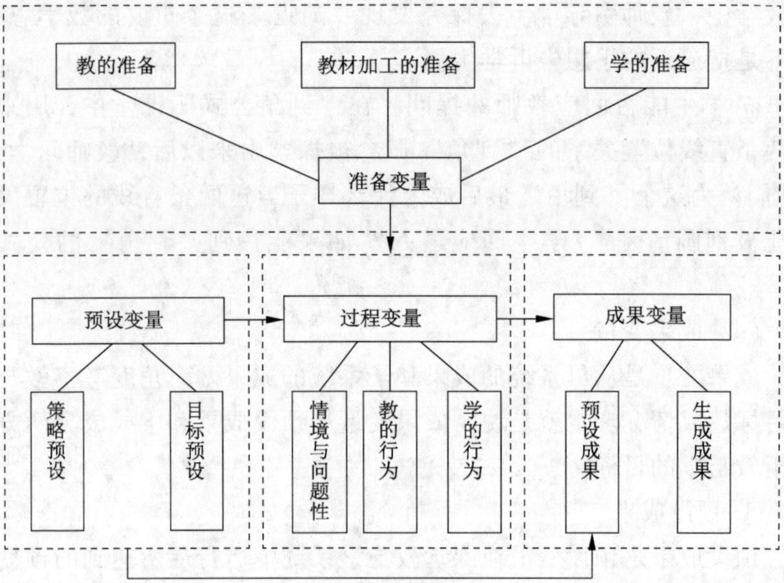

图 7.2　数学课堂学习动力系统教与学分析变量示意图

4. 数学课堂学习动力系统的教与学分析流程

“三级三维”数学课堂学习动力系统教与学分析流程（见表 7.1）沿着课堂学习时间的流向，将一节数学课分为“启动—维持—趋向目标与生成”三个阶段，从学生、教材、教师三个维度进行数学课堂学习有效性的研究。它是对“实然”数学课堂的研究。每个维度的分析变量包括准备变量、预设变量、过程变量和成果变量。

表 7.1　“三级三维”数学课堂学习动力系统教与学分析流程

三级	三维			
	学生	教材	教师	变量分析
启动	思维的启动 •预设变量（目标的、策略的） 对情境的感悟 对问题情境的分析 •过程变量 进入并分析情境 •成果变量 问题的产生	基于教材与学生的问题情境 •预设变量（目标的、策略的） 情境与教材的融合 •过程变量 教材的动态演化与分解 •成果变量 问题情境	启发、引导 •预设变量（目标的、策略的） 教的行为 •过程变量 教的行为（提问） •成果变量 学的结果（对提问的回应）	

续表

<table>
<tr><th rowspan="2">三级</th><th colspan="4">三维</th></tr>
<tr><th>学生</th><th>教材</th><th>教师</th><th>变量分析</th></tr>
<tr><td>维持</td><td>思维的维持
•过程变量
问题的分析
问题链
•成果变量
问题的解决与问题链</td><td>问题情境的出现
•过程变量
数学问题的产生
•成果变量
数学问题的解决过程</td><td>组织与监控
•过程变量
教的行为（提问、教学用问题）
•成果变量
学的结果（分析）</td><td rowspan="2">1. 准备变量
教材加工的准备
教的准备
学的准备
2. 预设变量
策略预设
目标预设
3. 过程变量
情境与问题性
教的行为
学的行为
4. 成果变量
预设成果
生成成果</td></tr>
<tr><td>趋向目标与生成</td><td>思维趋向目标与生成
•过程变量
解决的问题
趋向目标的问题链
•成果变量
问题的解决
对新问题的提出</td><td>问题的解决
•过程变量
巩固成果
•成果变量</td><td>组织与监控
•过程变量
教的行为（教学用问题）
监控生成
•成果变量
学的结果</td></tr>
</table>

“三级三维”数学课堂学习动力系统教与学分析流程是一种“大课堂观”。大课堂观是从两个方面分析课堂教与学的：首先，它不局限于某一节课的分析，而是对整个序列化的课堂学习进行分析，是对连续的一段内容的跟踪分析，这些构成了课堂分析系统；其次，大课堂观分析前节课对后节课所做的铺垫；再次，它是对完整的一节课的分析。“三级三维”数学课堂学习动力系统教与学分析中的“趋向目标与生成”是指在一节课分析结束后，学生在教师的向导作用下能否提出需要进一步研究和学习的问题。因此，本书在后面章节中将考察课堂进程中的开放性，特别是连续课堂教学活动中有效教学策略的整体性、系统性。

5. 数学课堂学习动力系统因素分析

（1）教师

西方学者认为我国数学教学的弊端表现在以下几个方面：① 授课方式单一：教师灌输，学生被动接受；② 班级规模大：学生人数一般超过 40 人，多则 50 人以上；③ 低认知水平的频繁考试和高度竞争，造成教师、学生背负沉重的负担。海外学者金斯伯格（Ginsberg）于 1992 年在海德新闻中心发表的调查报告中，甚至把中国教学的特点描述为“一个受尊敬的长者传输知识给处于服从地位的年少者”。1999年，我国学者顾泠沅和他的合作者在上海地区开展了一系列的课堂观察研究活动，并取得了一些有价值的研究成果。与此同时，南京师范大学涂荣豹教授也带领他的研究生研究现实的数学课堂教学，并提出了“教与学对应”和“教与数学对应”的二重教学原理，总结出我国数学课堂教学的特点。他还在分析课堂教学的基础上，首次提出“元认知提示语”在课堂教学中的作用，这是在总结我国优秀教师课堂案例的基础上发现的。数学课堂学习动力系统因素分析正是建立在已有研究基础之上的，是对这些研究的继续深化，可以进一步挖掘我国数学教学的优势。

课堂中对教师因素的考察，一般从教师提问方面进行。提问历来是我国教学的一大特点。随着时间的推移，课堂教学中的提问形式发生了根本性的改变。将20世纪80年代、90年代的两节优秀课例进行比较，可以发现以下不同：

① 提问的个数。20世纪80年代，教师（教师A）的提问总数为93个，90年代教师（教师B）的提问总数为46个。教师A希望利用大量提问来控制上课节奏，一小步一小步地把学生思维引导到自己的思路上，学生回答问题只花了几秒钟的时间。教师B更愿意给学生更长的时间做深入思考，学生有更多机会比较完整地回答问题。

② 提问的性质。两位教师在解释性提问、推理性提问上差别不大，但在管理性提问、机械性提问、记忆性提问上有明显差异。其中，机械性提问和记忆性提问为简单性提问，而解释性提问和推理性提问为复杂性提问。研究发现，这两个年代在“复杂性提问”方面差别不大。令人遗憾的是，没有研究者对这两节课提出“批判性问题”。

③ 学生的主体活动。研究者通过对学生回应教师的提问进行深入探讨，发现教师B采用简单性提问的比例比教师A少得多。有学者将此解释为：教师B更愿意鼓励学生，给学生更多的自主发挥空间。

在分析这项研究的基础上结合研究者的观摩，发现数学课堂教学中教师提出的问题，既可以作为目的，也可以作为手段。若问题作为目的，则将学生提出的问题作为研究的对象。我国学者吕传汉和汪秉彝进行的“情境—问题”教学模式的研究就是一个典型的例子。若将问题作为手段，则它在我国数学课堂教学中是一把“双刃剑”。首先，教师用问题驱动学生回顾旧知识，通过精心设计的问题情境（可以是现实的、模拟现实的或数学的），凸显出“原有知识无法解决的新问题”，将提出的问题作为实现教学的手段；其次，教师通过引导性的问题激发学生产生探究思路，让学生从思维模糊状态逐步走向思维清晰状态，从而有利于问题的解决。

在大量案例分析的基础上，数学课堂学习动力系统因素分析将课堂中教师提出的问题分为以下几种：

元认知性提问：教师的提问不是直接针对问题，提问是为了唤起学生调节自己的思维策略，自主生成对问题的探究，实施自我监控。

开放性提问：需要学生多方向思维，多角度、深层次地思考问题。

导向性提问：需要学生启动自己的思维从而指向问题解决的目标，导向性也是一种启发性提问，由教师回答也可以由学生回答或不回答。

理解性提问：需要运用所学的知识进行复杂或简单的推理，做出对问题的说明或简单的论证。

唤起性提问：通过学生的回答，判断学生是否掌握了所学的知识。

判断性提问：学生用“对”与“不对”以及“是什么”等简短语句进行回答，主要是针对简单的概念性知识或定理或法则的辨析和事实判断。

教师可通过学生对不同问题的回应，判断学生学习目标的达成度，具体如表 7.2 所示。

表 7.2 教师提问与学生回应对比

教师提问	学生回应
元认知性提问	学生的回答能否启动思维
开放性提问	学生的回答能否从多角度思考问题
导向性提问	学生是否紧跟教师的问题进行思考并回答
理解性提问	学生能否用所学知识分析并解决问题
唤起性提问	学生能否回忆起所学的知识
判断性提问	学生能否判断问题的“对”与“不对”

（2）学生

数学课堂是数学思维的动态生成场所，思维是从模糊到清晰穿透的意向性活动，指向学习目标的穿透，而实施穿透的主体是学生。课堂中的“满堂问”“满堂动”“满堂论”都不能说明学生的主体性得到了充分发挥，而要看学生的活动是否指向了学习目标，即学生能否在有限的时间内对教师的提问做出有效的回答、能否从一个问题的思维模糊状态逐步生成清晰的问题解决思路、能否体验知识探索和发现的历程等。对这些方面的分析依赖于学生在课堂中对教师提问的回应，以及在回应中能否产生新的问题，即学生能否解决问题并提出新问题。

（3）教材

对教材的理解通常有两种观点：知识教材观和智慧教材观。知识教材观对教材的态度是，教师必须教教材，教材是教学的标准，教与学的目标是落实知识的传授。智慧教材观认为，教材是课堂教与学的素材，教与学基于教材，又不拘泥于教材，它是对教材的发展。对学生来说，基于教材的发展有“度”的规定，不能过分地追求脱离教材的教学，否则将导致教师创设的情境与所学的知识没有关联性。

第二节 基于“数学课堂学习动力系统”分析的课堂实录研究

在教学实践中，我们发现绝大多数新知识可以由旧知识引入，但在讲授新知识时往往有两种做法，即新知识的“告诉”和“启发”。究竟用什么方式启发？元认知性问题是一些教师经常使用的启发方式，这种启发在培养学生独立获取知识、形成“大观点”和掌握科学研究方法上具有积极的意义。那么，这种元认知性问题在课堂教学中如何表现出来？以下案例将从课堂教与学系统整体运行的角度，动态分析在不同的课堂教与学阶段，教师提问的性质有何不同、其特点是怎样分布的，以及学生对教师的提问是如何回应的。

1. 样本选取、研究目的与研究方法

（1）样本选取

本章选取人教版（2000 年 12 月第 2 版）高中数学必修第二（上）册第 7 章第 3 节“两条直线的位置关系”的两节录像课进行研究。这两节课来自某地级市两所不同的中学，上课教师用“教师 A”“教师 B”代表，学校用“M”代表。

（2）研究目的

本研究主要围绕教师的教和学生的学，从课堂整体概貌到局部细节，再到现象背后的教学理念，寻找和总结不同教师以及学生在课堂教与学过程中的行为差异。这些行为差异具体包括以下四个方面：

① 课堂教与学启动系统的差异；

② 课堂教与学维持系统的差异；

③ 课堂教与学意向生成系统的差异；

④ 学生对一些观点的回应的差异。

（3）研究方法

运用录像带分析方法。

2. 课堂教与学分析

(1) 教与学的流程

教师 A 的教学流程：复习提问→给出到角的定义→分析到角→求出到角公式→将到角与夹角进行对比→巩固练习。(具体见表 7.3)

表 7.3 教师 A 的教学流程

序号	教学流程	教师 A 的教学行为	学生行为
1	复习提问	复习上节课的内容	回答教师提问
2	给出到角的定义	提出一个导向性问题，给出定义	回答教师提问
3	分析到角	到角的特点：方向性、范围	回答教师提问
4	求出到角公式	分情况求出到角公式，并分析到角及特殊情况	回答教师提问
5	将到角与夹角进行对比	从方向性与大小对比夹角，并强调它们之间的关系	回答教师提问
6	巩固练习		

从此节课中可以看到，教师 A 的教学流程逻辑链条明显、环环紧扣，且教师 A 的教学行为有相应的学生行为与之对应，是比较典型的“一问一答”式教学。

教师 B 的教学流程：复习提问→生成到角定义（用夹角引出到角）→求出到角（在求到角的过程中分析到角）→巩固练习。(具体见表 7.4)

表 7.4 教师 B 的教学流程

序号	教学流程	教师 B 的教学行为	学生行为
1	复习提问	提炼上节课的问题，以习题形式给出	自主学习
2	生成到角定义	用元认知性问题，从方法的角度提出问题	自主探究
3	求出到角	给出开放性问题，边分析边解决问题，生成到角公式	自主与合作
4	巩固练习		

从此节课中可以看到，学生在教师的向导下进行自主探究学习。教师 B 始终把学习的主动权交给学生，通过学生的独立思考和自主交流开展学习活动。教师 B 还在“复习提问→生成到角定义”的过程中运用了元认知性提问、理解性提问和导向性提问，凸显了学生的主体性，使学生在积极的独立探索中生成“到角”的概念。

两位教师的课堂对比如下：教师 B 的课堂教学流程比教师 A 的少，且教师 B 的课堂气氛非常活跃，从学生回答问题和提出问题的情况来看，观察者可以体会到学生在积极思维，这是一种主动意义上的学习活动。教师 A 提出的问题数量很多，学生明显处于被动学习状态，而且学生是“跟随”教师的思路开展学习的。

（2）教学时间的分配

教师 A 和教师 B 在各个教学环节中所用的时间如表 7. 5 所示。

表 7. 5　两位教师在各个教学环节中的用时分布

教学环节	教师 A		教师 B	
	时间	占总时间的比例/%	时间	占总时间的比例/%
复习提问	3′	7. 5	12′47″	32. 0
到角定义	2′21″	5. 9	2′34″	6. 4
到角公式	6′26″	16. 1	0	0
公式的理解	7′42″	19. 2	22′54″	57. 2
巩固练习	20′31″	51. 3	1′45″	4. 4

从课堂教学时间分配可以看出：① 在复习提问方面，教师 B 所用的时间明显多于教师 A，教师 B 所用时间占课堂总时间的 32%；② 两位教师在到角定义的讲解上所用的时间基本一致；③ 在到角公式的推导及理解上，两位教师所用的时间差别更大，教师 A 占全部时间的 35. 4%，教师 B 占全部时间的 57. 3%；④ 巩固练习阶段，教师 A 用了课堂时间的一半，而教师 B 只用了不到 2 分钟。

（3）提问的类型

教师 A 和教师 B 在提问类型及其数量上的对比，如表 7. 6 所示。

表 7.6　两位教师的提问类型及其数量对比

提问类型	教师 A		教师 B	
	提问数量	占总提问数量的比例/%	提问数量	占总提问数量的比例/%
元认知性提问	0	0	2	4.3
开放性提问	0	0	1	2.2
导向性提问	8	6.2	12	26.1
理解性提问	53	41.1	22	47.8
唤起性提问	16	12.4	1	2.2
判断性提问	52	40.3	8	17.4
总　数	129	100	46	100

从教师提出的问题类型可以看出，该教师使用的教学策略是以预设为目的，还是以学生自主生成为目的。

由表 7.6 可知，教师 A 一节课共提出 129 个问题，可谓高密度问题教学，而教师 B 的提问数量只有 46 个，不到教师 A 的一半。从问题类型的分布看，教师 A 的提问类型主要集中在理解性提问和判断性提问，共计 81.4 个百分点，教师 B 的这两种提问类型合计 65.2 个百分点。教师 B 的导向性提问明显高于教师 A，多出了 19.9 个百分点。对于元认知性提问，教师 B 有 2 次，教师 A 则没有。总体来讲，教师 B 的元认知性提问、开放性提问及导向性提问次数均高于教师 A，而教师 A 的理解性提问、唤起性提问和判断性提问都高于教师 B。

（4）教学流程分析

下面利用数学课堂学习动力系统分析框架对这两节课的教学流程具体环节进行分析。对本节教学内容来说，首先是“到角”的提出，它的关键在于如何启动学生的思维活动，如何求出到角以及对到角的理解；其次是到角与夹角之间的关系，它的关键在于如何维持学生的思维活动直到问题解决——表达直线到直线的角；最后是巩固练习。

① 启动学生的思维活动——“到角”的提出

此环节在整个教学中起着重要的作用，其关键在于“到角”是给出的，还是学生自主生成的。从教师教的角度看，“告诉”是最简单的引出课题的办法，但是学生无法了解课题的产生背景；从学生学的角度看，这个问题变成学生是被动地学还是主动地学；从教材的角度看，对教材进行何种加工体现了一个教师的教学理念和教学能力；从方法论的角度看，在到角产生的过程中学生能否体验到从特殊到一般（从研究直线与直线的平行与垂直关系过渡到一般夹角的关系）的科学研究方法。因此，在教学之前，教师应在各个方面做好充足的准备。

两位教师都是通过复习提问的方式引入“到角”的概念，但具体教学过程中的细节是不同的。

【案例 1】　教师 A——复习提问，给出学习课题

师：首先，我们来复习一下。上节课我们讲了平面当中两直线有怎样的位置关系？

生：有平行，或者垂直，或者相交。

师：平行和相交。昨天研究的是相交当中的特殊情况——垂直。是不是这样？也就是说，我们主要研究的是平行和垂直，是这样吧？请一个同学回顾一下，对于有斜率的两条直线，如何来判定线线是否平行呢？线线平行的充要条件是什么？

生：k_1 等于 k_2 且 b_1 不等于 b_2。

师：很好，请坐。是斜率相等，并且截距不同。再请××同学说一下，当两直线斜率存在的时候，如何来判断线线垂直呢？

生：两条直线的斜率的乘积为-1。

师：很好。两直线的斜率的乘积为-1，或者我们说，一条直线的斜率是另一条直线斜率的负倒数。除了这种判定方法，昨天我给大家补充了两条直线的一般式的判定情况，是不是这样啊？我说一下，它的好处就是可以不用讨论斜率的存在性，是这样吧。那么对一般式的系数而言，也给了大家充要条件和判定方法。上节课刚刚说过，这节课我就不再啰唆了。

师：接着，我们继续来学习直线的位置关系（二）。

师：昨天研究了平行以及相交中的垂直。现在请大家看，两直线

相交，除了垂直以外，还有更一般的情况，是不是这样啊？

（板示）这是 l_1，这是 l_2，今天我们来研究两直线不垂直情况下的角是怎样刻画的？

首先，请大家看一下，两条相交直线可以构成几个角？

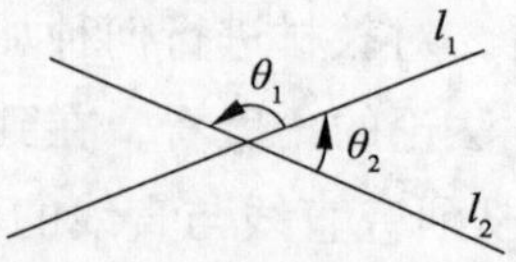

生：4个。

师：好，可以构成4个角。

（板示）1、2、3、4，它们是两对……

生：对顶角。

师：对顶角，4个角，到底用哪个角来刻画 l_1 与 l_2 相交的情况呢？我们今天先来研究一下直线 l_1 到 l_2 的角。（演示大屏幕）

从课堂教与学启动过程来看，教师A用系列问题提问复习上节课所学的内容且具有以下特点：

第一，教师A在到角的提出上共设计了4个判断性提问和6个唤起性提问，其预设的目标是通过这些问题巩固上节课所学的内容，为本节课的学习打好基础。

第二，问题步步紧跟，教师对课堂有控制的作用，学生则不断地回应教师的提问，缺少自主活动的时间和可能性。

第三，在复习即将结束时，教师提了一个导向性问题，“到底用哪个角来刻画 l_1 与 l_2 相交的情况”，对于这个问题，不是用哪个角的问题，而是用“什么样的角”来刻画。如果在学生的知识结构中不存在这样的角，学生就能够产生“寻求这种角的思维活动”。教师A课堂复习提问的目标是巩固所学知识，而不是基于知识的发展。

第四，虽然在提问中出现了从“特殊”到“一般”的研究方法，但是教师是一带而过的。学习课题，即到角概念直接由教师给出。

第五，学生思维的激活要利用带有“问题性”的问题，在课堂教与学启动阶段只体现出教学生学什么，至于怎么学未得到体现。

第六，预设目标仅仅完成了对知识的考察，而没有生成即将学习的内容，这不利于学生自主开展探究性活动。

另外，教师A忽略了学生回答的准确性。例如“有平行，或者垂直，或者相交”，从这个回答可看出学生存在分类的逻辑混乱。事实上，直线与直线的位置关系是相交和平行，相交分为垂直与不垂直两种情况。

【案例2】 教师B——复习提问，在启发的基础上生成学习课题

师：研究两直线的位置关系，它的方法是先特殊后一般，最简单的情形是平行，相交直线最特殊的情形是垂直，上节课我们研究过了，现在我们来看一个小问题（板书）。

小练习：

(1) 已知直线 l_1 的方程为 $3x-2y+1=0$，直线 l_2 经过点 P（4，1）且与 l_1 垂直，则 l_2 的方程是________$=0$。

(2) 直线 l_3 经过点 Q（-3，2）且与 l_1 平行，则 l_3 的方程是________。

师：这题如果动笔，那就是杀鸡用牛刀，那位同学回答。

生：l_2 的方程是 $2x+3y-11=0$（教师填在空格内）。

师：你是怎么得来的？说给大家听听。

生：l_1 与 l_2 垂直的充要条件是 $A_1A_2+B_1B_2=0$。

师：他很熟练地运用了公式 $A_1A_2+B_1B_2=0$，这是昨天讲的用直线方程的一般形式表示两条垂直直线的关系、两条直线垂直的条件。于是对这题，只要把 x，y 项的系数分别作为 l_2 方程的 y，x 项的系数，并改变其中一项的系数符号，就是 $2x+3y+$（?）$=0$，这就是 $A_1A_2+B_1B_2=0$，那么这个“-11”是从哪来的呢？

生：就是把点（4，1）代入公式计算出来的。

师：对，直线 l_2 经过已知点 P，把点 P 的坐标代进去得11，这个“-11”不就求出来了嘛。

直线 l_3 经过点 Q（-3，2）且与 l_1 平行，则把（-3，2）代到 $3x-2y+$（?）$=0$ 中去，$3x-2y=-13$，所以“?”就是“$+13$”。l_3 的方程是 $3x-2y+13=0$。

学数学一定要理解，要想透，不是下死功夫。

那么如何研究直线的位置关系呢，先简单——平行，再相交，平面上直线的位置关系就这两种情况。

研究相交情况，可以先特殊再一般。那你们说我们今天应该研究什么？

生1：研究一般情况。

师：对，一般情况。

师：特殊情况——两条直线垂直，已经研究过了，那么两条直线相交，这是前提条件，前提条件不能搞错，不是搞错，而是要明确(在几何画板作图)。

看图，两条直线相交，交点是 A，这是大前提，你们说怎样刻画两条直线的位置关系比较好呢？或者说，你们认为两条直线的位置关系应该怎样表示才是正确的？

生2：可以用两条直线的“夹角”来表示。

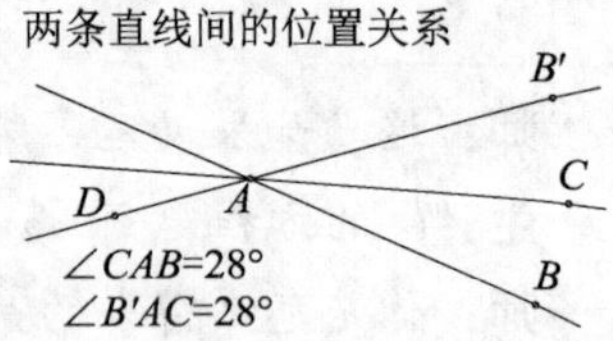

师：好，比如说，现在这两条直线的夹角是多大呢？度量一下，是 28°，(下面提出反例）那我来作直线 AB 关于 AC 的轴对称图形，得直线 AB'，那么 AB，AB'与 AC 成的角都是 28°，怎么才能把它们区分开来呢？你们说，用两条直线的“夹角”来区分它们妥当吗？有同学提出用“夹角”就可以了，你所说的夹角是不超过 90°的那个角吗？

生2：不是。

师：那我对你的理解不对，你说说看。

生2：AB 与 AC 的夹角就用 $\angle CAB$ 表示。AB'与 AC 的夹角就用 $B'A$ 的反向延长线与 AC 的夹角表示，就是以 AC 为始边，以 AB'的反向延长线为终边所成的角。(板示)

师：好，我来解释一下。AC 与 AB 成的角用 $\angle CAB$ 刻画，AC 与 AB'成的角用 $\angle CAD$ 这个钝角刻画（在 AB'的反向延长线上取点 D)，也就是允许用钝角刻画，但还是叫它“夹角”。为什么你看中了 $\angle CAD$，用 $\angle CAD$ 刻画呢？大家是不是体会到他已经注意到什么问题了？$\angle CAB$ 与 $\angle CAD$ 的共同点是什么？

生：它们的始边都是 AC，是始边绕点 A 旋转而得到的。这里可用几何画板突出“绕”的过程。

师：它是怎么旋转的？对，沿逆时针方向（演示）绕点 A 旋转得到的，这样他就把这两个角区分开来了，但是这样就不能叫作“夹角”了，而应叫作一条直线到另一条直线的角（板书），不是夹角或者不一定是夹角，“夹角”的概念不够用了，而应叫作“l_1 到 l_2 的角”。

师：（板书）l_1 到 l_2 的角（强调不是夹角）。设 l_1 与 l_2 交于点 A，由 l_1 绕点 A 逆时针旋转到 l_2 所形成的角，叫作 l_1 到 l_2 的角。

师：要与夹角区分。（约 15 分钟）

教师 B 的课堂中教与学的启动不是直接对学生进行提问，而是让学生自己解决问题，强化其对所学知识的理解。这种方式表现出以下特点：

第一，教师 B 仍然采用复习导入新课的方法，但是问题的性质和数量与教师 A 相比发生了变化，教师 B 提出了 2 个元认知性问题，22 个理解性问题，12 个导向性问题和 8 个判断性问题。

第二，教师 B 的复习提问方式与教师 A 不同。教师 B 采用两个练习题目，一个需要两条直线平行的知识，另一个需要两条直线垂直的知识，教师提示学生在理解的前提下解决问题。

第三，学生有充分的活动时间。教师 B 出示问题后，由学生自己动手、动脑解决。

第四，用元认知性问题提示：“那你们说我们今天应该研究什么？”教学过程中学生依据教师的提问自我监控研究思路的产生，而不是靠教师的“告诉”，进而体会科学研究的方法——从“特殊”到“一般”。

第五，用导向性问题逐步趋向目标。如：“你们说怎样刻画两条直线的位置关系比较好呢?”

第六，用理解性问题说明趋向目标的合理性。如：“你们说，用两条直线的‘夹角’来区分它们妥当吗?”

第七，在教师导向性的作用下，生成到角的概念。从学生用“夹角”刻画的提出，到“夹角”刻画的否定，引出用带方向的角来刻画才是合理的，整个过程是在教师的导向作用下完成的。

第八，通过学生的活动明确区分了夹角和到角的区别。在到角的概念生成过程中，学生通过自主探究活动获得了对到角的理解，找出了到角与夹角的区别。

第九，到角概念的获得经历了思维从模糊状态逐步走向清晰的过程，这也符合概念的动态生成过程。

第十，教师B的问题链是多种问题优化组合的结果，是连贯的。元认知性问题、导向性问题、理解性问题、判断性问题的合理结合，形成一个动态的思维活动。

将教师A与教师B的课堂进行对比可以看出，课堂提问的数量不能说明课堂教与学的有效性，课堂的有效性关键在于所提出问题的性质，问题的性质对于学生是否能够主动参与到学习中具有决定性的作用。教师B用“题”启动课堂学习是值得思考的。教师A与教师B在课堂启动阶段的另一个不同方面是，教师A严格遵守了教材的逻辑顺序，而教师B对教材进行了创造性的运用。另外，在讲授本节课之前，学生已经掌握了夹角的概念和范围，当新的问题产生时，夹角已不能准确地刻画两条直线的位置关系，这时该怎么办？需要寻找新的办法。这一切安排便激起了学生的思维活动。

② 维持学生的思维活动——求到角与夹角之间的关系，直到问题解决

【案例3】 教师A——到角的公式与理解

分析教师A的课堂录像，本教学过程经历了三个阶段：到角的定义与范围——到角的求法（包括到角的分析与公式）——到角的公式分析（包括一般与特殊、到角与夹角的定义、夹角的范围）。

a. 到角的定义与范围——教师A直接给出定义，再分析定义的含义。

从到角概念的引入可以看出，教师A只是提示学生“到底用哪个角来刻画 l_1 与 l_2 相交的情况呢?”，然后就直接给出了答案“用直线到直线所成的角”，让学生错过了探索发现的机会。紧接着，教师开始了一系列提问。

师： 直线 l_1 到 l_2 的角是怎么定义的？请大家思考一下这个“到”

字。有了“到”，你们感觉它具有什么性？

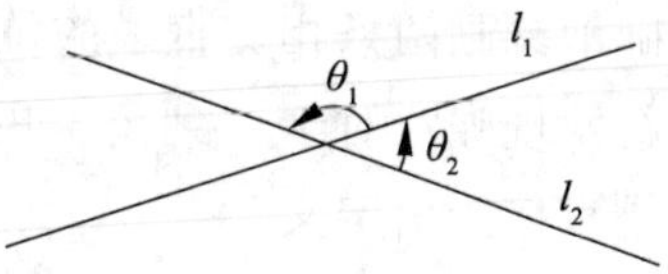

生：方向性。

师：非常好。有了方向性，那么 l_1 到 l_2 的角的方向性怎么说呢？一般我们把 l_1……

生：逆时针。

师：绕着这个交点（板示）逆时针旋转，旋转到……

生：与 l_2 完全重合的位置。

师：与 l_2 完全重合的位置，这样旋转过来的角 θ_1 叫作……

师生：直线 l_1 到 l_2 的角。

师：好了，既然有了直线 l_1 到 l_2 的角，我要问大家了，有没有直线 l_2 到 l_1 的角？

生：有。

师：也有，是吧，说说看。

生：直线 l_2 绕着这个交点逆时针旋转到与 l_1 重合。

师：很好。l_2 绕着这个交点逆时针旋转到与 l_1 重合时所转动的这个角 θ_2 叫作直线 l_2 到 l_1 的角。那我问一下，l_1 到 l_2 的角有没有范围呀？通过我们刚才的定义，l_1 到 l_2 的角，想想看，首先是相交的情况，相交就不平行了。那么 l_1 绕着交点转，所以 l_1 到 l_2 的角 θ_1 应该大于什么？

生：0°。

师：0°。好，小于多少度呢？

生：小于 180°。

师：小于 180°（板书 $0° < \theta_1 < 180°$），这就是我们讲的 l_1 到 l_2 的角的范围。现在，我们再来看一下，这个角的定义我们是会了，θ_1 指的是什么我们知道了，怎么去求它呢？具体地，要在平面直角坐标系中运用两条直线的方程来求 θ_1 这个到角。

教师 A 分析了定义中的“到”，这个“到”与生活中的“到”是一个意思，学生马上领悟直线到直线的角具有方向性，而数学中的方向性一般是逆时针旋转，教师 A 简单地演示了“到”的过程。“到”

的字面解释非常直观，关键在于学生的知识结构中没有哪个角能够准确地刻画两条相交直线的位置关系。学生没有这样的体验，怎么能有新发现呢？对于“到角”的定义，应当更关注定义的形成过程，而不是直接给出定义。

b. 到角的求法——教师 A 直接给出两种情况，分别讨论到角。

师： 现在我们在直角坐标系下研究到角的公式。

师： 如果这是 l_1（板示第一种情况），这条线是 l_2（板示第一种情况），那么大家说说看，l_1 到 l_2 的角是不是这个角 θ_1。

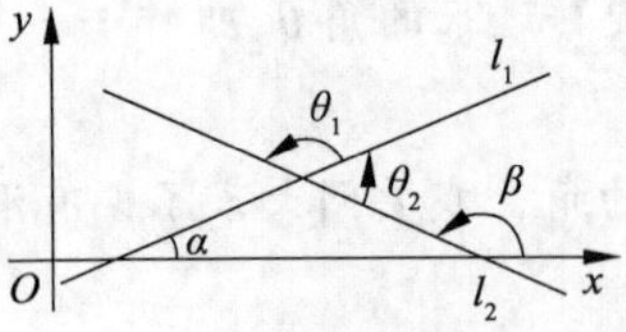

(a) 第一种情况

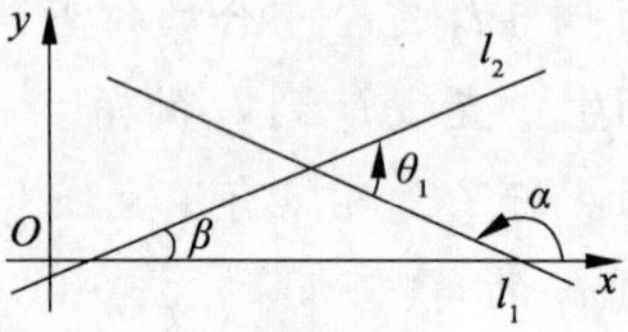

(b) 第二种情况

教师 A 直接给出了到角的两种情况，学生的思维过程只能按照教师预设的过程逐步向前，这是一种被动学习。分类是有标准的，这个标准带有一定的人为性，但要保证科学性。在分类问题的处理上，教师 B 与教师 A 是完全不同的。

师：（板示第一种情况）是这样吧，好，再来看。如果这是 l_1（板示第二种情况），这是 l_2（板示第二种情况），那么请问一下 l_1 到 l_2 的角是哪个？你来画一下。

生：（学生上讲台板演）逆时针。

师： 逆时针。噢，容易错。逆时针。

生： 咦？怎么还是……

师： l_1 转到 l_2，没关系，好，××刚才上来演示时，你觉得（指向老师的图示）在这儿，（指向学生的图示）也在这儿。但是，由于 l_1 到 l_2，所以是这样旋转（板示）。她忘了我们定义中的逆时针旋转，是不是这样啊？

通过学生上黑板板演，教师指出直线到直线的角出现的错误做法，可以看出，学生对直线到直线的角并未完全理解。教师 A 继续进行课堂教学活动，继续强调定义。

师：一定要紧扣定义，l_1 应由逆时针方向旋转到 l_2，所以说是这个角（板示）或者是这个角（板示）。好了，下面我们想，既然是在直角坐标系当中来研究直线到直线的角，就需要用到直线的什么？

师生：斜率和倾斜角。

师：就像我们昨天判定两条直线的位置关系时，用到了直线的斜率，那今天也同样如此，我们也要用到直线的斜率。斜率和直线倾斜角有关，我们首先把 l_1 的倾斜角画出来。是不是在这儿？倾斜角的概念又是怎么说的？把 x 轴……

生：逆时针旋转。

师：把 x 轴绕着交点逆时针旋转到与该直线重合的位置所成的最小正角（板示），就叫作直线的倾斜角 α。那么 l_2 的倾斜角在这边吧，是不是？我们把它叫作 β。在这幅图中（指向第二种情况），如果 l_1 是这个方向，那么 l_1 的倾斜角在这边，是不是？l_2 的倾斜角呢？在这儿。现在我们就来看这三个角之间有怎样的关系？能不能用一个式子来表示 θ_1（l_1 到 l_2 的角）和 α，β 之间的关系？你说。

生：$\beta=\alpha+\theta_1$（第一种情况）。

师：非常好。她说 $\beta=\alpha+\theta_1$，实际 θ_1 是它的对顶角。是不是这样？那么，这个三角形的外角 $\beta=\alpha+\theta_1$。（第二种情况）这个三角形中也可以用式子描述一下。谁来描述？

生：……

师：（点名学生回答问题）

生：$\theta_1=\beta+\alpha$……

师：好。她说 $\theta_1=\beta+\alpha$，声音似乎变小了，是不是觉得不对？应该怎样？

生：$\theta_1=\pi-\alpha+\beta$。

师：如果你仍然用外角的话，会发现这两个角是怎样的关系？

生：互补。

师：互补。是不是这样？互补很简单，$\pi-\theta_1$，所以 θ_1 怎么办？

生：$\pi-\alpha+\beta$。

师：其他同学提示她一下，$\alpha-\beta$ 是不是这个角？再用 π 减一下就

是 θ_1，请坐。（板示第一种情况）θ_1 就等于……

生：$\beta-\alpha$。

师：噢，等于 $\beta-\alpha$，是不是这样啊？这边（板示第二种情况）的 θ_1 呢？

生：$\pi-\alpha+\beta$。

师：$\theta_1=\pi-(\alpha-\beta)=\pi+(\beta-\alpha)$。对于直线 l_1（板示第一种情况）朝这边倾斜和朝这边倾斜（板示第二种情况）的两种情况我都给出了图示。大家也推出了 θ_1 可以用 l_1，l_2 的倾斜角表示，如黑板上所示。下面我们来看一下，要学习它，要用到三角公式。以前我们学过差角公式。那么，我们用哪个差角公式呢？由倾斜角想到了什么？

生：斜率。

师：斜率。由倾斜角想到了斜率，斜率是我们熟悉的。因此我们怎样取 θ_1？研究 θ_1 的什么函数？

师生：正切函数。

教师 A 对此部分的教学设计非常精细。到角的两种情况、斜率、倾斜角的概念等，只要是涉及的概念，都一一做出解释。从学生的课堂反应看，倾斜角的概念已经掌握了，但教师的包办或代替不利于学生思维活动的展开。在这段教学过程中，教师 A 提出了一个不明确的问题——“因此我们怎样取 θ_1?”，学生回答“正切函数”。这个回答结果正是教师所希望的，预设问题达到目标。

师：$\tan\theta_1=\tan(\beta-\alpha)$ 又等于什么？把这个公式一块来说说。

生：$\tan\theta_1=\tan(\beta-\alpha)=\dfrac{\tan\beta-\tan\alpha}{1+\tan\beta\cdot\tan\alpha}$。

师：好的。你们再告诉我，$\tan\beta$ 就是什么？

生：啊？

师：$\tan\beta$ 就是什么？

生：k_2。

师：不错。$\tan\alpha$ 就是……

生：k_1。

师：公式的下面是……

生：$1+k_2k_1$。

师：k_1k_2，是这样。刚才我们在写的过程当中，我们发现既然我们敢用斜率，敢用两条已知直线的倾斜角，然后找到斜率，再找出我们要求的到角，那我们说斜率必须存在，否则我们怎么用呢？怎么刻画呢？所以斜率必须存在，并且分母怎样？

生：不为0。

学生利用差角公式 $\tan\theta_1=\tan(\beta-\alpha)=\dfrac{\tan\beta-\tan\alpha}{1+\tan\beta\cdot\tan\alpha}$来对 θ_1 进行描述。教师追问“$\tan\beta$ 就是什么？”，这也是一个不明确的问题，是一个没有必要的提问，因为前面已经用正切函数来描述斜率了，$\tan\beta$ 自然表示斜率。教师A追问的目的是让学生对问题有进一步的了解，及时反馈他们的学习结果，而对一个简单问题的重复追问，不会产生好的教学效果。判断性问题在思维维持的过程中不断地被重复，只能让学生思维断断续续，不能形成连贯性的思维活动。

c. 到角的公式分析。

师：分母为0是怎样的情况？

生：垂直。

师：垂直，大家很熟，$k_1k_2+1=0$ 是垂直的情况。

教师A遵循的逻辑是讲清、讲透，对表达式$\dfrac{\tan\beta-\tan\alpha}{1+\tan\beta\cdot\tan\alpha}$进行了仔细的分析，当分母为零时，两条直线垂直。在这里，笔者提出一个值得思考的教学问题：两条直线的垂直是上节课的重点内容之一，而在本节课再一次提出直线垂直问题，是否会冲淡本节课的重点？

师：下面再看，这种情况（板示第二种情况）的公式是不是一样呢？这个 $\tan\theta_1$ 等于什么呀？$\tan\theta_1=\tan[\pi+(\beta-\alpha)]$，书上用和角公式将其展开了一下，我觉得也可以不必。我们可以直接用什么公式？π加上一个角，可以用什么公式？

生：诱导公式。

师：诱导公式。那么把 $(\beta-\alpha)$ 看作整体，π加上一个角，利用诱导公式等于多少？

师生：tan（$\beta-\alpha$）。

师：一看就等于 tan（$\beta-\alpha$），和这边（板示第一种情况）推出来的结果一样不一样？

生：一样。

师：一样的。因此，我们说，这边得出来的 $\tan\theta_1=\dfrac{k_2-k_1}{1+k_2k_1}$就是到角公式。其中要注意：只有当两直线斜率存在的时候并且两直线不垂直的时候才能这样用。如果是垂直的情况，那么我们直接得到 90°，很清楚吧？l_1 到 l_2 的角、l_2 到 l_1 的角都是 90°。下面来问一个问题，刚才在这边我们写了 l_1 到 l_2 的角是 θ_1，l_2 到 l_1 的角是 θ_2，这两个角有什么关系？

生：互补。

师：$\theta_1+\theta_2=\pi$。所以如果要问两个"到角"多大，只要算出其中一个，另一个用 π 减去它就可以了。

表达式 $\tan\theta_1=\dfrac{k_2-k_1}{1+k_2k_1}$已经隐含了 k_1、k_2 的存在性，在推导到角公式之前就应当强调这一问题，而不是等到现在才提出这个问题。科学研究是从简单的问题入手，逐步上升到一般性的结论，而本节课中若在研究直线到直线的角之前先强调垂直，然后研究一般的情况，效果是否会更好呢？这也是本节课教学中值得思考的问题，因为这里涉及从特殊到一般，再从一般到特殊的科学研究方法。

d. 到角与夹角。

师：我们再来思考一个问题。刚才说了，两直线相交形成了 4 个角，那我们喜欢说两直线相交所成的角是多少度？成多少度就有一个夹角的意思在里面。好，我们就来定义一下两相交直线的夹角这个概念。怎么来定义呢？思考一下。是它（指向 θ_1）还是它（指向 θ_2）呢？有方向性。夹角有没有方向性呢？

生：没有。

师：没有方向性。那么，夹角应该怎样定义？你们都看过书了，也理解过了。好，夹角的定义，（稍停顿）你说。

生：夹角就是……那个……$\pi-\theta$，是一个锐角……

师：好，请坐。他说两条直线相交的时候所成的角当中有一个应该是锐角，那两直线垂直怎么办？那4个角不都一样了吗？有没有锐角？所以应该分开说，当两直线相交但不垂直时，我们把……？

生：锐角。

师：我们把 θ_1、θ_2 当中的那个锐角拿出来叫作夹角。我们把 l_1、l_2 相交但不垂直时的较小的锐角叫作夹角。好，这只是夹角的定义，第一部分。

师：第二部分，就是刚才那同学补充的一句，两直线如果垂直，那我们说它们的夹角就是90°，有两部分才能完整。翻到课本48页。定义分两部分，大家圈起来。（接着问）夹角公式呢？

教师A严格遵循教材的逻辑，先学习直线到直线的角，再学习夹角，对于为什么用夹角和到角来刻画两条直线的位置关系没有给出解释，这个内容看似简单，其实对学生来说是复杂的。讲细、讲透、让学生记住是教师A的主要教学理念，并强调“大家圈起来”。

e. 夹角的公式及范围。

师：刚才定义了直线到直线的角，紧接着推出了它的公式，现在又定义了夹角，那夹角公式是什么呢？如图所示，我问你们，就从平面上来看，l_1 与 l_2 的夹角应该是哪个？

生：θ_1。

师：好的，这个角怎么算？

生：就是……

师：有人说就是这个公式（指向直线到直线的到角公式）要加绝对值。对了，要加绝对值，因为我们要算的是 $\tan\theta_1$。如果用这个公式算 $\tan\theta_2$ 不就变了吗？加绝对值，是不是这样？很好。下面还要再问夹角的范围。

生：0°到90°。

师：0°到90°是什么区间？$0°<\theta<90°$，左边是……（指区间左边）。

生：开区间。

师：这边呢？（指区间右边）

生：闭区间。

师：别忘了，这个范围是两部分合起来的。垂直时夹角就是 90°。是这样吧。所以夹角范围就是 $0°<\theta\leqslant 90°$。现在请大家看第一个例子——书上的例题。我们一起来看看。

教师 A 详细地解释了夹角的范围，精细化的教学阻碍了学生自主思维活动。

数学课堂的学习需要思维的启动、思维的维持、指向问题解决的意向生成，但也需要给学生一个自由思维的空间，给学生自主思考的时间。

【案例 4】 教师 B——用开放性问题讨论到角的数学表达、分类与公式

在这一阶段，教师 B 首先给出了一个开放性问题，在此基础上启动学生的思维活动，这是一种动态生成的预设，学生在充分的参与下维持了数学思维活动，教师充当教学向导的角色，使学生逐步生成思维，趋向学习目标。

a. 用开放性问题讨论直线到直线所成角的数学表达。

师：下面我们来思考第二个问题（板书问题）。

已知直线 l_1 的方程 $y=k_1x+b_1$，直线 l_2 的方程 $y=k_2x+b_2$，则 l_1 到 l_2 的角为 θ，求 θ。

教师 B 在生成到角问题的基础上，设置了一个开放性问题。开放性问题是数学课堂的基本成分，它具有以下几个功能：为学生提供了独立思考的空间，给他们表达的机会；要求学生构建属于他们自己的认知，而不是选择一个简单的答案；允许学生表达他们对问题的深层次的理解；鼓励学生用不同的方法解决问题，同时也反过来要求教师用不同的方法解释数学概念。

b. 到角的分类。

师：这是一道数学题，首先把题目的条件和所求的问题搞清楚，设 l_1 与 l_2 交于点 P。

这两条直线的斜率不相等，而两条直线的方程都知道了，那么两

条直线的斜率和截距都知道，也就是告诉你 l_1 到 l_2 的角为 θ，求 θ。

请两个同学到黑板上来做，其他同学自己做，等一会儿请你们讲一讲他们做的结果有没有问题。（学生开始独立完成任务）

教师 B 留给了学生充分的自主活动时间，约用了 8 分钟。在这一过程中，教师 B 请了两名同学上黑板板演，并提示学生："没有实践就没有体验，你到时候就不一定能看出问题。……"

师：（8 分钟后，上黑板的同学完成任务）大家来看黑板，看看他们想的是什么？这可不是我想的，是你们想的、你们做的。（教师浏览了板演同学的做题情况）看来这是我的错，不是你们的错，我应该把题目修改一下。

教师 B 及时抓住学生的反馈信息，分类研讨，准备修改题目。这是一个经验型教师，他紧紧抓住学生的学习思路展开教学活动，是一种生成性的教学，是在学生思维的基础上生成学习结果的教学。

师：一个同学考虑了两条直线垂直和不垂直的情形，另一个同学没考虑，（正要在黑板上写什么时，突然转身说）但我还是不想修改这个"错"。

"不想修改"是教师 B 对学生发出的暗示，能激起学生思考"为什么不修改?"。这种暗示对学生深入地思考问题具有导向性作用，是教师教学向导作用的体现。

师：（微笑）当然了，要你们一下子接受它可能要求太高。为什么呢？因为你们满脑子里面都是"arctan"。

我来提一个问题，你们准备回答我。你们怎么知道"l_1 与 l_2 的位置关系有两种呢?"（教师微笑）我就不知道，这两种关系从何分类？你的分类标准是什么？

教师 B 针对学生回答的结果提出问题，让学生自己去解释。这是学生解决问题思路的再现，对于展现学生思维过程具有积极的意义，也有利于不同思维的碰撞。这些问题来自学生解决问题的过程中，即生成性问题。

生 2：（板书）设 l_1 的倾斜角为 α_1，l_2 的倾斜角为 α_2。

（l_1 与 l_2 的位置关系有两种，同学生 3 的做法）

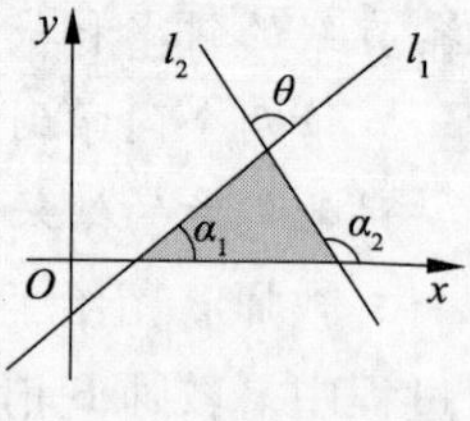

(1) $\theta=\alpha_2-\alpha_1$，

$\tan\theta=\tan(\alpha_2-\alpha_1)=\dfrac{k_2-k_1}{1+k_2k_1}$

则 $\theta=\arctan\dfrac{k_2-k_1}{1+k_2k_1}$。

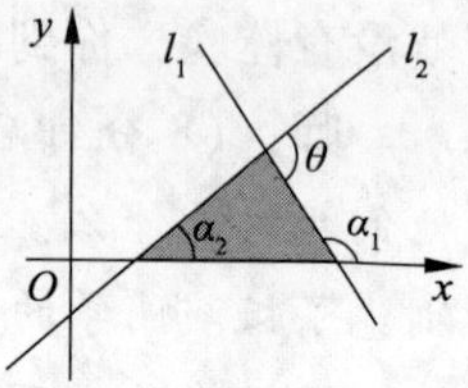

(2) $\theta=\pi-\alpha_1+\alpha_2$，$\tan\theta=\tan(\pi-\alpha_1+\alpha_2)=\dfrac{k_2-k_1}{1+k_2k_1}$。

生3：(1) l_1 与 l_2 垂直。(2) l_1 与 l_2 不垂直，设 l_1 的倾斜角为 α_1，l_2 的倾斜角为 α_2。

师：（面对学生2）你说说看，为什么是两种，而不是三种？如果是一种呢？不分类多好！你说给大家听听。

生2：不知道。

师：这是你自己写的，怎么不知道呢？

生2：我就是不知道，我就是这样想的。

师：他就是这样想的，但不知道为什么要这样想，哪位同学来帮他的忙？你们认为分成这两种情形对不对？

师：首先我们看看能不能达成共识，如果达成共识，那就不是你一个人的意见，（观察学生的反应）看样子有群众基础，他只不过是你们的代表而已，赞成这样划分两条直线位置关系的请举手。

生：……我支持他……

师：哦，就他一个人，那你太孤单了。我来问问其他人，你是怎么想的？我来问问邵同学，你说说看。

生：……（不清）

师：什么是直角，什么是非直角，你讲话没有主语嘛！

生：直线 l_1 到 l_2 的角有直角和非直角两种。

师：看来啊，他说的并不是“他”分的两种，大家看“他”分类的时候是不是考虑了 θ 不等于90°啊？

生：不是（针对黑板做的情况）。

师：这里是已经考虑 $\theta=90°$ 的情形了。

师：如果 $\theta=\pi/2$ 呢？就不属于我下面考虑的内容了。也就是说，第一种情况是：（1）$\theta=\pi/2$。这里应该是第二种情况：（2）$\theta\neq\pi/2$。在这个（2）的下面又有两个小点，就是：① 若 $\theta=\pi/2$，则 $k_2k_1=-1$，应写在前。② 若 $\theta\neq\pi/2$。他认为在第二小点里再分成两小点。有没有人支持他？……支持他的请举手。（观察学生的反应）看来支持他的人多了，我们找个同学说说，看是不是真的理解了（请了一名女生）。

生（女）：按 l_1 到 l_2 的角大于 90°或小于 90°分类。

师：大家听到了吗？你们说对不对？她这是一种，（眼睛看向 θ）是 θ 落在锐角里还是钝角里的分类标准，于是有两种。（强调）分类要有标准，还有人不同意她的分类标准吗？

生 4：我认为没有必要分类。

师：好，你说说怎么不要分类。

生 4：l_1 到 l_2 的角是锐角还是钝角都是一样的，只要把它们“谁”到“谁”变一变。

师：大家听懂了他的话没有？其实他还是面临一个问题，“谁到谁”不是一个分类吗？他的意思是，如果是钝角的话，我可以叫它“l_2 到 l_1”，也就是说，如果是锐角就叫它“l_1 到 l_2”，其实这也是分类！我来说说我的看法，当然不一定对，是与大家讨论。

教师 B 直接针对学生板书情况进行追问：为什么是两种，而不是三种？如果是一种呢？不分类多好！你说给大家听听……做题的学生无法解释清楚为什么分类。此时教师 B 并不是直接给出结果，而是继续追问。不同的思想在课堂碰撞，充分展现了学生的思维活动，其原因是教师留给学生充分的思考时间。学生的数学思维始终处于活跃状态，从而逐步逼近学习目标。

师：首先设 l_1 的倾斜角为 α_1，l_2 的倾斜角为 α_2，否则对 α_1，α_2 没有交代，然后是 θ 的第一种情况，这个 α_1 不可能是直角，为什么呢？因为它的直线方程中 k_1 已经有了，那么 l_1 的倾斜角 α_1 不可能是 90°角，α_1 要么是锐角，要么是钝角（演示几何画板），那么我们分类的标准是什么？如果以 α_1 为锐角还是钝角为标准，大家说可不可以？就看 α_1 到底是什么？我就盯住 α_1 一个角，α_1 可能是锐角，可能是钝角，不可能是直角，因为斜率 k_1 已经存在，那么这是我们的分类标准，在这个前提下再来看。比如说像这种情况（演示图形），一种情况是 α_1 为锐角，一种情况是 α_1 为钝角（指着黑板上同学 2 的解题过程），于是 $\tan\theta$ 就得出了，$\tan\theta=\dfrac{k_2-k_1}{1+k_2k_1}$（$k_2k_1\neq-1$）。

但对于 $\theta=\arctan\dfrac{k_2-k_1}{1+k_2k_1}$，这种写法对不对？能这样写吗？我来演示图形，将 l_1 到 l_2 的角画成图。这时 α_1 是锐角，但 θ 却是钝角，那么这时 θ 能用 $\arctan\theta$ 来表示吗？这个 $\theta=\arctan\dfrac{k_2-k_1}{1+k_2k_1}$的范围是什么？是（$-\pi/2$，$\pi/2$）（写在上述表达式后面），现在用 arctan 来表示就要画一个大问号！像现在这个钝角 θ，你就表示不了，那怎么办呢？我们还是表示成 $\tan\theta=\dfrac{k_2-k_1}{1+k_2k_1}$。

第一种情况解决了，第二种情况就简单了，用诱导公式……（看向学生 2 的板书），这里有一步漏掉了，（补上）$\tan\theta=\tan(\pi-\alpha_1+\alpha_2)=\tan(\alpha_2-\alpha_1)=\dfrac{k_2-k_1}{1+k_2k_1}$。

综上得到，$\tan\theta=\dfrac{k_2-k_1}{1+k_2k_1}$。

教师 B 在学生充分活动的基础上提出了自己的看法，引导学生关注学习目标的分类标准。分类问题一旦解决，本节课学生生成问题的难点也就解决了。对于出现 $\theta=\arctan\dfrac{k_2-k_1}{1+k_2k_1}$的表达形式，教师 B 也进行了分析。

③ 小结

师：现在把这个结论写到这里来，即已知直线 l_1 的方程为 $y=k_1x+b_1$，直线 l_2 的方程为 $y=k_2x+b_2$，l_1 与 l_2 交于点 P，l_1 到 l_2 的角为 θ，那么 $\tan\theta=\dfrac{k_2-k_1}{1+k_2k_1}$（到角公式）。

这个公式为直线到直线所成角的公式，而不是夹角公式，那么夹角公式怎么写？加一个绝对值，即 $\tan\theta=\left|\frac{k_2-k_1}{1+k_2k_1}\right|$（夹角公式）。这两个概念，我们需要把它们区分开。下面看一个问题（电脑投影此问题）……

在结束本段教学内容后，教师 B 对提出的问题进行了小结，前后呼应，有利于学生对整个过程的理解。

教师 B 在本段教学中共用去约 23 分钟（一节课是 40 分钟），整个过程教师时刻捕捉生成性问题，逐步逼近教学目标，且适时提出自己的看法纠正学生出现的理解偏差。

（5）研究结果与分析

① 两节课的横向与纵向比较

将上述两节课进行横向与纵向比较，可以得出以下结论：

a. 高密度的提问并不代表高质量的教学。

提问多，未必是好事，关键要看所提问题的性质。元认知性问题能够启发学生的思维活动，导向性问题指向学习目标，理解性问题能保证趋向目标的合理性，判断性问题和唤起性问题则是思维启动的知识基础，合理搭配问题是课堂学习质量的重要保证。

《学记》中提出“道而弗牵，强而弗抑，开而弗达”的主张，意思是说，引导学生而不牵着他们走，鼓励而不要压抑，启发而不是把答案全部端给学生。在以问题为手段的教学中，问题使用不当会导致学生被牵着走。

b. 生成性问题有利于学生思维的激活。

预设性问题的过度使用，会导致教师完全主导教学，学生被动地学习。长期如此，会形成课堂学习的不良惯性——教师讲，学生听；教师问，学生答。学生的思维始终处于被动状态。利用生成性问题可凸显出学生的主体性和教师的向导作用。

c. 思维的启动和维持需要高质量的问题链。

问题多并不意味着问题链的合理性。问题链应具有启发性、动态生成性和目标指向性。

d. 给学生自主学习的时间。

维持学生自主学习的问题主要有三种：元认知性问题、导向性问题和理解性问题。每种问题的处理方式是不同的，但关键都在于给学生足够的思考时间。

e. 提出开放性问题是驱动学生思维的有效策略。

开放性问题是学生高质量思维的重要保障。

f. 生成性问题具有多重作用。

生成性问题的作用：一是凸显学生的主体地位；二是凸显教师的导向功能；三是促进学生思维活动的维持和趋向目标的意向生成。

② 两位教师在“课堂教与学动力系统”的运行方面存在差异

a. 在课堂教与学启动系统中，教师 A 较多地使用理解性提问和唤起性提问，教师 B 则采用导向性提问和元认知性提问。教师 A 始终对课堂启动系统进行控制，教师 B 则更多地在组织课堂，在学生生成性问题的基础上组织学生的学习。

b. 在课堂教与学维持系统中，教师 A 是以提问为主展开课堂教学的，教师 B 是在与学生互动过程中进行教学的。

c. 课堂教与学意向生成的差异，教师 A 完全将预设行为指向学习目标，而教师 B 是在对学生的启发引导下，基于对学生生成性问题的分析与解决，逐步指向目标，学生经历了从“模糊”思维状态到“清晰”思维状态的过程。

对我国数学教育的考察应当建立在对课堂教与学实践层面上的分析。近十年来，全球学者对我国数学学习模式进行了探讨，将我国课堂环境的普遍情况概括为以下几个方面：学生循规蹈矩，聚精会神听教师讲解；教师对教学内容准备充分，课堂结构严谨；学生很少用提问来打断教学过程；教师通过提问检查学生的听课情况；学生课后仍有不少学习机会（包括作业、辅导班）；教师课后给予辅导。

“学生循规蹈矩，聚精会神听教师讲解”的情况的确存在，但现如今，这种现象已不再是主流，更不会成为普遍的情况。我国数学课堂正在发生静悄悄的变化，应当客观地分析课堂现实，总结数学课堂教学的特点。“教师对教学内容准备充分，课堂结构严谨”，这应当是任何教师进行课堂教学的必要准备。结构严谨是课堂预设的准备，但数学课堂中的严谨不再局限于一种线性的、按部就班的严谨，而是动态预设和动态生成的，它不能脱离数学的严谨性，否则，数学课堂中的数学科学性将会被生活中的数学所代替（目前存在一种倾向，每一节课的引出都要试图找到现实背景，没有现实背景的教学似乎不被认可）。不可否认，基于生活实践的数学教学大量存在，但科学的数学更应该高于生活的数学。“提问”是我国数学课堂学习的一大特点，教师通过提问的方式来检查学生的听课情况，这是非常必要的。但提问的性质不应该被忽视，所提的问题到底应是启发性的，还应是判断性或唤起性的，应该仔细研究，不能笼统地概括。

【思考题】

1. 谈谈你对课堂教学中学生、教师和教材的理解。
2. 什么是有效的数学课堂教学?
3. 数学课堂教学的本质是什么?

第八章　数学教学模式

教学模式是教学理论与教学实践相结合的产物，是教学理论运用于教学实践的中间环节和桥梁。一名合格的教师要能根据已有的教学条件对教学模式做出适当的选择，并加以变通与组合，提高教学效率。研究和学习教学模式，不是为了“套用模式”，而是为了“运用模式”，最终实现从“有模式的教学”向“无固定模式的教学”转化。

第一节　教学模式概述

1. 教学模式的含义

率先将教学模式引入教学论研究领域的是美国哥伦比亚大学的乔伊斯（B. Joyce）和威尔（M. Weil）。他们在 1972 年出版的《教学模式论》一书，被认为是教学模式理论研究开始的标志。在我国，这项研究是从 20 世纪 80 年代以后开始的。

“模式”一词在现代社会中运用较为普遍。汉语中，模式指“标准的形式或样式”。西方学术界通常把模式理解为经验与理论之间的一种知识系统。“教学模式”的定义各种各样，乔伊斯和威尔认为，教学是创造由教育内容、教学方法、教学作用、社会关系、活动类型、设施组成的环境的，所谓教学模式就是创造这种环境的方法。教学模式是构成课程和课业、选择教材、提示教师活动的一种范型或计划。在国内，关于教学模式主要有以下几种观点。

结构说：教学模式是在一定教学思想或理论指导下建立起来的各种类型教学活动的基本结构或框架。

程序说：教学模式是在一定教学思想指导下建立起来的完成所提出教学任务的、比较稳固的教学程序及其实施方法策略体系。

方法说：常规的教学方法俗称“小方法”，教学模式俗称“大方法”。教学模式不仅是一种教学手段，而且是从教学原理、教学内容、教学目标和任务、教学过程直至组织形式的整体、系统的操作样式，这种样式是加以理论化的。方法说的另一种观点认为，教学模式属于教学方法的范畴，是一种教学方法或是多种教学方法的综合。

过程说：教学过程的模式，简称教学模式，是作为教学理论的一个特定的科学概念，指的是根据客观的教学规律和一定的教学指导思想形成的师生在教学过程中必须遵循的比较稳定的教学程序及实施策略体系。

样式说：教学模式是指具有独特风格的教学样式，是就教学过程的结构、阶段和程序而言的，长期多样化的教学实践形成了相对稳定的、具有特色的教学模式。

综合上述观点，教学模式是指在一定的教学思想、教学理论、学习理论的指导下，在大量的教学实验基础上，为完成特定教学目标和内容而围绕某个主题形成的稳定、简明的教学结构理论框架，以及具体可操作的实践活动方式。它是教学思想、教学理论、学习理论的集中体现。

2. 教学模式的结构

教学模式的结构是指发生在教学过程中构成教学的诸要素及其相互关系。这些要素在教学模式中具有不可或缺、不可替代性。教学模式应包括教学思想或教学理论、教学目标、教学的操作程序、教学的条件和教学评价等几个方面。

(1) 教学思想或教学理论

任何教学模式都有一定的教学思想或教学理论作为依据，它们决定着教学模式的方向和独特性，并渗透在教学模式的其他因素中，制约着各因素之间的关系，是其他诸因素赖以建立的依据和基础。影响和制约教学模式的理论基础主要有以下两个方面：

① 认识论。不同的教学模式基于不同的哲学认识论基础。赫尔巴

特的四阶段教学模式基本上是他的认识的反映；杜威的教学模式也基本上是他的经验主义认识论的反映；皮亚杰也在其发生认识论、西方分析哲学、存在主义哲学的基础上派生出不同的教学模式。

② 教育心理理论。教育心理学的最新成果推动了教学理论的发展，并指导教学改革实践。因此，每一种教学模式都有相应的教育心理理论作为基础。比如，程序教学模式的理论基础是行为主义心理学；目标导控教学模式的理论基础是布鲁纳的掌握学习理论；非指导性教学模式的理论基础是人本主义教育心理学；信息加工教学模式的理论基础是信息加工理论；布卢姆的概念获得教学模式、加涅的累计性教学模式、奥苏贝尔的先行组织者教学模式，其理论基础都是现代认知心理学理论。

教学思想是贯穿于整个教学模式的一条主线，体现在教学模式的每个过程及各个方面。一种教学模式是否成熟，可以从其理论基础中窥见一斑。

(2) 教学目标

课堂教学目标是对课堂教学中学生所发生的变化的一种预设，是完成课堂教学任务的指南，是构成教学模式的核心要素，是进行课堂教学系统设计的一个重要组成部分。每一种教学模式都是为了完成特定教学任务而设计、创立的。教学目标是教师对教学活动在学生身上所能产生效果的一种预期估计，是进行课堂教学设计、课堂教学活动的出发点和归宿。教学目标的确立可使活动具有明确的方向，克服教学活动中的盲目性和随意性。教学目标制约着教学程序、实施条件等因素，也是教学评价的尺度和标准。

一种先进的教学模式，其目标的制定应是科学合理的、具体的、可测量的、便于操作的，而不是笼统的、抽象的。教学目标应包括基础知识与基本技能、过程与方法、能力与情感发展等方面。教学目标应具有层次性和渐进性；具有从识记、理解、应用到综合，从低级水平到高级水平的渐进过程；具有反映由知识、技能转化为能力，并内化为素质的要求。教学目标的确立与实施不能从应试的目的出发，只顾解题技巧和知识点的熟练掌握，而忽视长远目标（学生的数学观念、数学思想、数学意识、数学能力等素质的培养)。教学目标既要考虑对学生智力因素的培养，又要兼顾对学生非智力因素的培养，为形成他们良好的思维品质和个性品质打下坚实的基础。

(3) 教学的操作程序

操作程序是教学活动展开的时间序列或逻辑步骤。不论哪种教学模式都有一套独特的操作程序，它是教学模式得以存在的必要条件。成熟的教学模式都有一套相对稳定的操作程序。操作程序详细说明了教学活动的每一个步骤，以及完成该步骤所要完成的具体任务。一般情况下，教学模式会明确指出教师应先做什么，后做什么，学生分别干什么。由于教学过程中教学内容的展开顺序不尽相同，既要考虑到知识体系的完整性，又要兼顾到学生的年龄特征，还要考虑基本教学方法交替运用的顺序，因此，操作程序既是相对稳定的，又不是一成不变的。

操作程序的设置应遵循学生的认知规律和认知基础。首先，要遵循从具体到抽象、从感性到理性的认知规律。教学设计中教师必须为学生提供丰富的感性材料，利用生动的事例、图片、图形，还可以借助多媒体进行辅助教学，在感性材料的基础上引导学生进行比较、分析、综合、归纳、演绎、抽象、概括等。其次，要遵循从理解到运用的认知规律。将有序的训练引入课堂教学，设计由易到难、由简到繁、由基础到综合的训练程序，既适用于不同水平的学生，又能激发学生的思维，发展学生的思维能力。

(4) 教学的条件

教学的条件是指完成一定教学目标，使教学模式发挥效用的各种条件。任何一种教学模式都不是万能的，有的模式只适用于某一课型，有的模式适用于几种不同的课型。也就是说，概念课、习题课、复习课等不同的课型，选用的教学模式不尽相同；小学低年级与高年级、初中、高中所选用的教学模式也有所不同。即使是同一种教学模式，在具体实施过程中，也必然存在较大差异。任何教学模式都有局限条件，只有在有限的条件下才有效。例如，在罗杰斯的非指导性教学模式中，教师是“促进者”，他（她）要和学生自由交谈，进行广泛的情感交流，所以需要创立一种良好的、和谐的学习环境（教学的条件），目的是促进学生的学习，使学生成为学习的主人；学生则在教师的促进作用下形成、体认和发现有助于自我发展的知识经验。

（5）教学评价

评价是教学模式中的一个重要因素，包括评价的方法和标准。教学模式的目标、程序和条件不同，评价的方法和标准也就不同。教学模式一般都有自己的评价方法和标准。比如：罗杰斯的非指导性教学模式主要实行学生的自我评价；布卢姆的掌握教学模式采用诊断性测验、形成性测验、终结性测验和实验考评，并规定期末考试成绩占总成绩的25%，单元测验成绩和实验成绩共占总成绩的75%。

综上所述，教学思想或教学理论是教学模式得以建立的基础和依据，对其他要素起着导向作用；教学目标是教学模式的核心，制约着教学的操作程序、师生组合、教学条件，也是教学评价的标准和尺度；教学的操作程序是教学模式实施的环节和步骤；教学的条件保证教学模式功能的有效发挥；教学评价能使人们了解教学目标的达成度，从而调整或重组操作程序、师生活动方式等，使教学模式进一步得以改造和完善。一般来说，任何一种教学模式都包含这些要素，至于各要素的具体内容，则因教学模式的不同而存在差异。

3. 教学模式的分类

在教学模式的形成和发展过程中，由于依据的教学思想或教学理论不同，因此在教学实践中形成了不同的教学模式。

（1）认知发展意义下的教学模式

强调认知发展的教学模式主要有以下几种。

① 奥苏贝尔的有意义接受教学模式。美国教育心理学家奥苏贝尔不赞成把言语讲授和接受学习贬为空洞的说教和机械的模仿，他用有意义学习理论加以分析，认为接受学习并不都是机械式学习，它完全可以是有意义的。如果教师能将有潜在意义的学习材料同学生已有的认知结构联系起来，学生也能采取相应的有意义学习心向（即主动地将所要学习的知识与自身原有知识联系的倾向）进行学习，那么接受学习将是有意义的。在这种思想指导下的有意义接受教学模式的主要

内容如下。

教学目标：奥苏贝尔认为有意义学习的目标是掌握知识和发展智力，主张教师通过有意义的言语讲授，使学生通过有意义的学习来掌握知识。有意义的接受学习是学生获得知识的有效途径。

教学程序：学生在有意义接受学习中，并不是把现成知识简单地“登记”在原有的认知结构中，而要经过一系列积极的思维活动。因此，有意义接受学习是一个主动的学习过程（见图 8.1）。

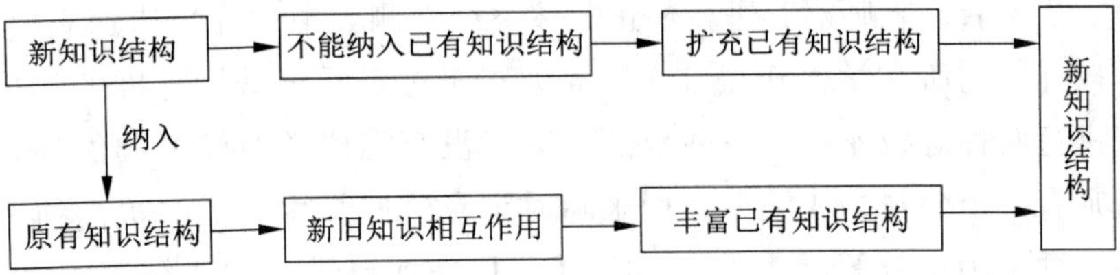

图 8.1　有意义接受学习的过程

在有意义学习过程中，若新旧知识在进行联系时存在分歧或发生矛盾，则需要进行调节，重新理解或表达新知识，使新知识与个人的原有知识经验相一致，旧知识成为接受新知识的基础。如果没有作为调节新知识的已有知识基础，那么新知识就是对原有知识的扩充，形成更大的知识结构。

② 布卢姆掌握教学模式。美国著名教育家布卢姆认为，教师必须为“掌握”而教，即先按照教学要求将教材分成单元，在每个单元完成之后进行“诊断测验”，发现学生学习中存在的问题，然后通过测验，由另一位教师有计划地做与第一次不同的讲解，直到学生掌握相关教学内容为止，从而形成了以“为掌握而教”“为掌握而学”为特征的掌握教学模式。这种教学模式的教学目标与教学程序如下。

教学目标：为了帮助教师确定教学内容，并能对之进行评价，布卢姆对教学目标进行了系统的分类，将教学目标分为知识、理解、应用、分析、综合、评价六类。他认为，在教学中知识和能力对学生的发展都是必要的，系统的科学知识对能力的发展具有重要的意义。但是，单纯以知识为目标的教学是低水平的教学，而以理解、应用、分析、综合、评价能力等为目标的教学则可以使学生的知识和能力两方面都得到更大发展。

教学程序：教师在展开教学之前，先要确定学生学习什么，希望他们怎样学习，达到什么程度，即“定向”；而后把整个教学内容分成一系列单元，每一个单元的时间要足够长，使学生有充分的时间学习相互联系的事实、概念、原则、技能、评价等。教师在讲授完每个单元之后，对全班学生进行单元形成性测验，教师出示标准答案，学生自己评分，若达到 80~85 分，就算已经掌握了所学内容，对未达到这一成绩者，教师对其进行矫正。在终结性测验中，分数达到或超过掌握标准的所有学生获得“A”等级，而对于低于掌握标准的学生，则进行两种等级评定。一种是给学生“没有完成学习任务”的评定，教师有一个公开的成绩单，用来随时记录这些学生的成绩提高情况；另一种是用传统等级中的 B、C、D、E 来评定学生的成绩等级（见图 8.2）。

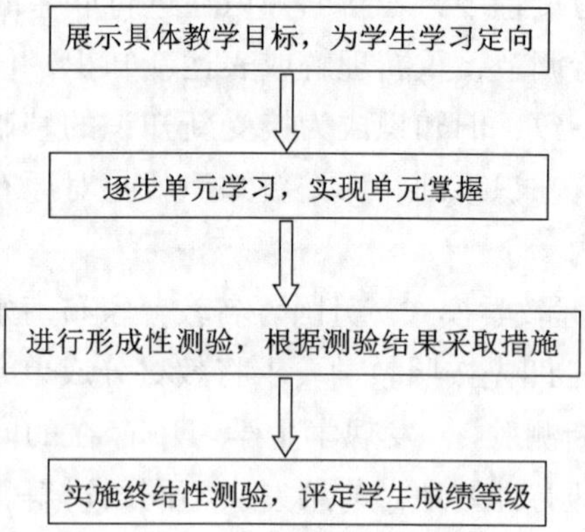

图 8.2　掌握教学模式的教学程序

（2）探究发现意义下的教学模式

强调探究发现的教学模式主要有以下几种。

① 布鲁纳的发现教学模式。美国著名教育家布鲁纳针对传统教学的“仓库理论”提出了“学科基本结构”的理论。他指出，“不论我们教什么学科，务必使学生理解该学科的基本结构”，学生的认识过程与人类的认识过程有共同之处，教学过程就是教师引导学生发现的

过程，要求学生利用教材或教师提供的材料，像数学家那样思考数学问题，像历史学家那样思考历史问题，亲自去发现问题的结论、规律，成为一个“发现者”，从而形成了著名的发现教学模式。这种教学模式的教学目标与教学程序如下。

教学目标：布鲁纳认为，教学的直接目标在于使学生掌握学科的基本知识，同时还要重视学生智力的发展。他还认为，我们也许可以把培养成绩优异的人作为教育的最一般的目标，但是应该异常清楚上面这句话是什么意思。它在这里指的是，不仅要教育出成绩优异的学生，而且要帮助每个学生更好地发展智力。

教学程序：布鲁纳认为，教学过程实际上是学生的“发现过程”。他设计了如图 8.3 所示的发现教学程序。

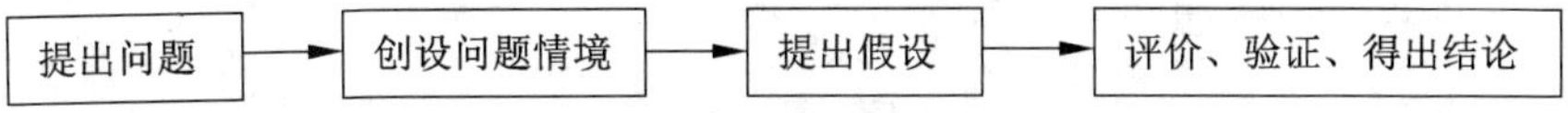

图 8.3　发现教学程序

提出问题——教师选定一个或几个一般性原理，给学生呈现感性材料，使学生带着问题学习，提出自己不懂的问题。

创设问题情境——问题情境是一种特殊的学习情境，情境中的问题既要适合学生已有的知识和能力，又要使其经过一番努力才能解决，从而使学生形成对未知事物进行探究的心向。

提出假设——利用给定的材料，提出各种可能性。

评价、验证、得出结论——对各种可能性进行反复的求证、讨论以寻求答案，根据学生的“自我发现”提取出一般的原理或概念，并把一般原理或概念付诸行动。

② 萨齐曼的探究训练教学模式。美国探究教学专家萨齐曼（J. R. Suchman）认为，学生本能地对一切新奇的事物感兴趣，他们会想方设法弄清楚新奇事物背后究竟发生了什么，这是一种进行科学研究的可贵心理资源。教师可以利用这个机会指导学生如何进行提问、如何收集资料，教给他们发现事物变化规律的一般思维方式和探究的方法，使学生养成听取各种不同建议的习惯，以及随时发现新事物的习惯。萨齐曼认为，帮助学生进行探究的最好方法是训练，即促

使学生对问题产生强烈的疑问，并能合乎逻辑地获得资料和加工资料，进行创造性的思考，找到问题的答案。

教学目标：探究训练教学模式旨在教会学生调查、说明、解释某种现象，以帮助学生有效地获得新知识。它是增强各项认知能力的模式。

教学程序：萨齐曼坚信，当一个人遇到使他困惑、矛盾的情况时，就会激起他解决问题的欲望，使其思考如何将有关的资料收集与组织起来提出假设，从而增强收集资料与分析资料的能力；当他尝试对问题做出解释时，就会获得新的概念，从而有效地获得知识。在探究的过程中，需要对假设进行各种思考、推断，提出合乎逻辑的观点，展示自己得出的结论，进而增强探究性思维能力。探究训练教学模式的教学程序如图 8.4 所示。

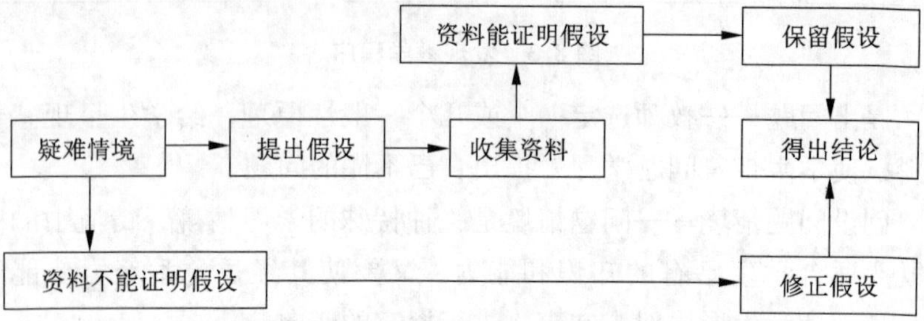

图 8.4　探究训练教学模式的教学程序

③ 兰本达的“探究—研讨”教学模式。美国学者兰本达（Brenda Lansdown）认为，科学是一种“探究意义的经历”，发现意义、领会意义是经历、卷入、参与的结果，没有这些先决条件，就不可能真正理解事物的意义。在“探究—研讨”教学模式以前，苏联心理学家维果茨基将儿童思维发展分为四个阶段（或水平）。这四个阶段包括：混合思维（通过同时性的感觉把偶然的事件联系起来）；复合思维（把事物基于感觉的、基于感受到的、处于相似之处的事物联系起来）；前概念思维（发现内在相似之处）；概念思维（把一些抽象概念和另一些抽象概念联系起来）。兰本达等人根据这一理论提出，在教学过程中，教师周密安排学生参与各种体验和经历，使学生的思维

从混合思维到达概念思维。

教学目标：通过学生的动手动脑来促进他们从具体思维到抽象思维的量性发展，将学生置于有结构的材料中，让学生描述出他所看到或所做的事物，形成语言思维。在集体讨论中，要求学生善于表达所观察到的结果，对一些有争议的问题可以表达不同的意见，对有疑问的地方可以提出问题，发展他们提出问题和解决问题的能力；通过研讨可以把每个学生看到的、想到的集中起来，集思广益，使每个学生对事物都有一个全面的认识，从而促进思维的发展；在研讨的过程中，学生可以自由表达观点，或赞同或反驳他人的观点（发展创造性思维），表达出事物之间的关系（知识），将在探究中获得的表象转为概念，从感性认识提高到理性认识。“探究—研讨”教学不仅要求学生获得较为扎实的知识，而且将发展以思维能力为核心的一系列能力作为教学目标。

教学程序：“探究—研讨”教学的目的是促进学生思维的发展，为此提出了一个新的概念——概念箭头，即通向概念的通道，是一种从复杂的信息中理出头绪的需要。具体如图 8.5 所示。

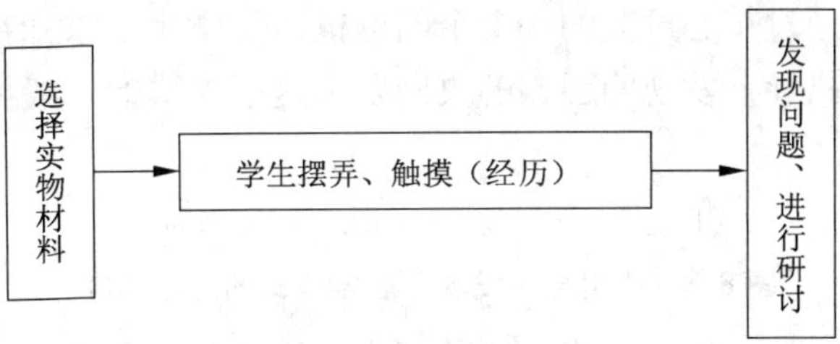

图 8.5 “探究—研讨”教学模式的教学程序

材料是学生感知的基础，是探究问题必不可少的条件，将学生置于有结构的材料中，由学生亲自摆弄、触摸（经历），能使探究内容具体化，营造学生主动观察、思考、探究的学习氛围。利用学生在探究中产生的新奇、好问、困惑、矛盾的心理特点，鼓励学生大胆思考，并用自己的语言把想法和认识表达出来，通过学生间的相互启发、交流补充，达到异中求同，使每个学生获得的知识更加完整，并将探究中观察到的现象内化为概念，进而认识事物的本质。

（3）综合视角意义下的教学模式

从综合的角度对教学模式进行分类，有以下几种类型。

①“讲解—接受”模式。这种教学模式以教师的系统讲解为主，教师也进行适当的启发提问。这一教学模式对我国数学教育的影响最大，目前仍在许多学校的数学课堂中占据主要地位。其具体操作程序如图 8.6 所示。

教师：复习提问 ⟶ 讲解新课 ⟶ 巩固练习 ⟶ 课堂小结

学生：回答问题 ⟶ 听课记录 ⟶ 听讲例题 ⟶ 听　讲

（学生：做 练 习 ⟶ 回答提问 ⟶ 模仿练习 ⟶ 听　讲）

图 8.6　“讲解—接受”教学模式的操作程序

②“自学—辅导”模式。这一教学模式要求学生通过自学并进行探索、研究，教师则给出自学提纲，提供一定的阅读材料和思考问题的线索，启发学生独立思考。其基本操作程序如图 8.7 所示。

提出自学目标 → 开展自学 → 讨论启发 → 练习运用 → 及时评价 → 系统总结

图 8.7　“自学—辅导”教学模式的操作程序

③“引导—发现”模式。在教学活动中，教师不是将知识灌输给学生，而是通过精心设置的一个个问题链激发学生的求知欲，学生最终在教师的指导下发现问题、解决问题。这一模式的一般操作程序如图 8.8 所示。

问题 ⟶ 假设 ⟶ 推理 ⟶ 验证

图 8.8　“引导—发现”教学模式的操作程序

④“活动—参与”模式。这种模式通过教师的引导，使学生自主参与数学实践活动，将数学与生活实际密切联系，从而掌握数学知识的发生、形成过程以及数学建模方法，最终形成使用数学的意识。在这一过程中，学生参与的主要活动形式有数学调查、数学实验、测量活动、模型制作、数学游戏、问题解决等。

第二节　数学教学模式简介

数学教学模式作为教学模式在学科教学中的具体存在形式，是在一定的数学观、数学教育思想的指导下，在实践的基础上形成的。数学教学模式揭示了教学结构与教学过程中各阶段、环节、步骤之间的纵向关系，以及与构成现实数学的教学内容、教学目标、教学手段、教学方法等因素之间的横向关系，表现为影响教学目标达成的诸要素在一定时空结构内或某一环节中的组合方式。

数学教学理论有宏观的理论建构、微观的实践总结，还有中观的教学理论。数学课堂教学模式理论是教育理论与实践的中介，是教育理论工作者与实践工作者共同协作，通过在长期教学实践中不断地总结、改良教学而逐步形成的一种中观理论。它源于数学教学实践，又反过来指导教学实践。对于每个数学教师来说，其教学活动都自觉或不自觉地在某种理论的或经验的教学模式框架内展开。

数学课堂教学模式是在大量实验基础上总结出来的结构相对稳定的理论框架，从静态和动态两个方面揭示了教学模式的中介性。从静态来看，教学模式是教学结构稳定而简明的理论框架，是立体网络的、多侧面分层次的，直观地向人们展示了教学诸因素的组合状态。从动态来看，教学模式不同于一般的教学理论，它具有明显的可操作性。模式中设计了序列运行的“轨迹”，因果关联的教学程序，为教师在具体课堂教学中的运用提供指导。

下面介绍一些基本的数学教学模式。

1. 讲授教学模式

在我国中小学数学课堂教学中，讲授教学模式一直占主要位置。这种模式也被称为“讲解—接受”模式。教师通过讲解，向学生传授知识，培养其能力，学生则通过听讲理解新知识，发展自身能力。尽管这一模式以教师讲解为主，但并不排斥教师向学生提出问题或使学生进行课堂练习，也不排斥教师借助多媒体进行演示，只是这些活动是为教师的讲授服务，没有改变讲授的基本形式。讲授教学模式的基本操作流程有五个环节，如图 8.9 所示。

组织教学 ⟶ 引入新课 ⟶ 讲授新课 ⟶ 巩固练习 ⟶ 小结、布置作业

图 8.9　讲授教学模式的基本操作流程

这种教学模式的特点是教师在教学过程中占据主导地位，控制着教学的进程，只要教师精心备课，将教学内容由浅入深、由具体到抽象，逐步展开有层次的教学，预计学生可能产生哪些疑惑，并设计相应的释疑方法，就能达到较好的教学效果。

讲授教学模式适用于概念性、综合性强的课题，教师使用这种模式能在较短的时间内讲解较多的知识，便于学生整体把握即将学习的内容。

有人认为，教师讲授是一种机械学习，而不是有意义学习。这样看待讲授模式是片面的。无论是接受学习还是发现学习都可能是机械的，也可能是有意义的，这取决于学习发生的条件。教师在使用教授模式时，若能将潜在意义的学习材料和学生已有的认知结构联系起来，而学生也具备有意义学习的心向，那么这种情况下的讲授就是有意义的讲授，学生的学习也就是有意义的学习。

讲授模式在使用时受到一些因素的限制。缺乏教学经验的新教师不知学生何处有疑，为何生疑，讲授的针对性比较差。另外，教师的讲授是不是有意义的也受制于学生的学习心向和认知发展水平。

2. 启发讨论教学模式

(1) 启发讨论教学模式的产生背景

启发讨论教学模式历史悠久，中国古代大教育家孔子与学生之间的讨论、古希腊苏格拉底与学生的对话都是讨论，但他们的讨论方式是不同的。通常，讨论围绕“问题”进行，有的问题是老师给出的，有的是学生提出的，有的是在讨论中生成的。

《论语》一书是孔子的教学实录，其中记载了孔子关于启发教学的至理名言：“不愤不启，不悱不发，举一隅不以三隅反，则不复也。”宋代名儒学者朱熹注曰：“愤者，心求通而未得之意；悱者，口欲言而未能之貌。启，谓开其意；发，谓达其辞。”其意思是，当学生对某个问题进行积极的思考，但一时还找不到解决方法的时候，应予以启发；当学生对某个问题已经思有所得，但还不十分明确，还表达不出的时候，应给予开导。如果教师已就学生所疑的关键点予以启发，却不能引起学生的联想、类比和推理，孔子认为教师就没有必要再讲了，因为这说明学生没有积极主动地思考，仅靠教师的讲授是没有意义的。通过《论语》，我们可以发现孔子在实际教学中很善于运用问答法，以启发和促进学生独立思考。有时学生问一个问题，孔子只做简单回答，以引发学生的思考，学生一步步追问，孔子的回答一次比一次深刻。这种问答方式既有针对性，又有启发性，也反映了孔子的“善待问”。有时孔子对学生的提问不是直接回答，而是从学生的问题中提出问题，或反问一句，让学生思考从而表述自己的意见，最后孔子才对学生的意见加以肯定或否定。

苏格拉底认为，哲学家和教师的任务不在于从外部向人们灌输真理，而在于引导和启发人们倒出他肚子里固有的知识和真理。苏格拉底在教学中往往是从日常所见、人尽皆知的简单事物或浅显的道理开始，向学生提出问题，并佯装自己一无所知，让学生充分发表意见，然后用反诘的方式使学生陷入自相矛盾的窘境，从而促使其积极思索，然后以各种有关事例启发诱导，使学生一步步接近正确的结论。苏格拉底认为，这就好比助产婆把胎儿从母亲的肚子里催生出来一样，所以他把这种方法命名为“产婆术”。

在数学教学中，启发讨论教学模式适用于教师诱导全班学生发现预定目标的情形，比如给概念下一个定义、归纳出一个结论、解决一个实际问题等。在这个模式中，教师不再是提供知识和正确答案的唯一来源，而是围绕某一主题启发学生思维、促进学生讨论的组织者。学生不再是教师讲什么就记什么，而是在平等的讨论中主动建构对意义的理解。启发讨论教学模式对培养学生的思考习惯，使其了解科学发现的思维过程、感受发现带来的乐趣是很有益的。

(2) 启发讨论教学模式的操作程序

首先，提出要讨论的问题。

其次，如果这个问题尚未数学化，则先将其数学化，并在必要的时候对问题进行解释。

再其次，教师组织学生讨论，教师的话语要有启发性，鼓励形成讨论和争辩的氛围，对于超出预想的结果要及时认可，并鼓励学生进一步学习。

最后，全面了解学生对谈话中问题的认可程度，问题圆满解决后，请学生总结经验和教训并对提出的建议进行评价，以积累经验。

启发讨论教学模式在应用过程中会出现有的学生把握不住主题，离题太远，这样就不可能达到预期的效果，甚至陷入僵局。在这种情况下，教师要及时干预，改变问题的提出方式，以便学生进一步理解主题。

【案例1】 “科学记数法”教学片段①

师：同学们，请看这样一篇报道。(多媒体投影)

“新长城——特困大学生资助项目”是中国扶贫基金会发起并组织实施的一项以特困大学生为帮助对象的社会公益事业。从7月23日至7月29日，主办方通过开展一系列相关活动，筹集社会捐款20 002 000元用以资助10 001名在今年高考中被录取的贫困家庭的大学新生。

师：从这篇报道中你想到了什么？

生1：现在社会上人们很关注大学生，很有爱心。

生2：这些大学生应该不负众望，好好学习，将来回报社会和人民。

生3：我算了算，用20 002 000除以10 001等于2 000，说明每个大学生能得到2 000元的资助。

师：同学们说得都非常好，特别是同学3能从数学的角度看问题。这篇报道中有两个大数，你们能不能写一些类似这样与生活有关的大数，并说说大数的现实意义，试试看。

生4：全国戴眼镜的人数大约有88 000 000人，这提醒我们每个人一定要爱护眼睛。

生5：A区2002年地区生产总值56 190 000 000元，2003年地区

① 本教学片段选自江苏大学附属学校杨建华老师2003年在镇江市数学课程改革校领导研讨会上所开设的“科学记数法”公开课。

生产总值 64 360 000 000 亿元，这些数据说明 A 区经济在逐步发展，取得了可喜的成绩。

…………

【评注】　在教学片段中，教师首先设计了一个学生普遍关心的、也是学生比较熟悉的话题——贫困大学生上学难①，这是进行启发讨论的基本条件。然后要求学生列举出生活中的“大数”，使学生从中体会大数在读、写、算方面的不方便，这样，由生活信息逐步导向数学问题——如何表示“大数”？在这个问题的驱动下，设法从数学的角度寻找比较简单的记数方法。

启发讨论教学模式能培养学生与他人合作的能力，特别是不同的学生在讨论中能够产生思维的碰撞，这对培养学生多角度考虑问题具有积极的意义。但是，启发讨论教学模式对教师备课的质量、提问的质量以及对学生预备知识的把握程度都有较高的要求，并且需要教师具备一定的教学艺术手段。更值得注意的是，教师在提出问题和帮助学生解决问题时，要寻找适当的时机、采用适当的方式。

3. 问题解决教学模式

（1）问题解决教学模式的产生背景

20 世纪 80 年代以来，问题解决教学模式一直是国际数学教育的核心和研究热点。美国数学教师协会（NCTM）在 1980 年公布的《关于行动的议程》中指出，“80 年代的数学教育大纲，应当在各年级都介绍数学的应用，把学生引进问题解决中去”“数学课程应当围绕问题解决来组织”“必须把问题解决作为 80 年代中学数学教学的核心”。1982 年，英国的《Cockcroft 报告》明确提出，“数学教学的核心是培养解决数学问题的能力，强调数学教学只有在能运用于各种情况时才有意义”“那种把数学用于各种情形的能力，叫作‘问题解决’”“应将‘问题解决’作为课程论的重要组成部分”。日本的《学习指导纲要》于 1989 年 3 月正式将“课题学习”的内容纳入其中，使

---

① 选取这个例子为背景的原因是在当时中央电视台制作了一系列的节目，发动社会力量献爱心，筹集资金资助贫困大学生。

“问题解决”的思想以法律的形式固定下来。所谓“课题学习”，就是让学生通过合适的“课题”操作和思维实验，在积极的追求过程中获得数学思维方法和形成数学观念的能力，并使学生学到的知识和技能成为更切实的东西，即“课题学习”就是以“问题解决”为特征的数学课，它特别强调创造能力、探究能力、解决非常规问题的能力。在我国，“问题解决”在义务教育阶段和普通高中阶段的数学课程标准中都有所体现。“问题解决”更新了数学教育的传统观念，并成为一大批理论工作者和一线教师积极探索问题解决教学模式的潮流方向。

（2）问题解决教学模式的操作程序

1957 年，波利亚提出的“怎样解题表”被认为是早期的问题解决教学模式。它包括四个步骤：弄清问题；拟订计划；实现计划；回顾。进入 21 世纪之后，我国学者从跨文化数学教育研究的结果出发，为改变“教师灌输书本知识，学生被动接受学习”的传统教学模式，提出了旨在培养学生提出问题与解决问题能力的数学教学模式。

数学教学是数学思维过程的教学，学生学习数学的过程是其头脑中建构数学认知结构的过程。针对数学教学中存在“掐头去尾烧中段”的现象、削弱知识产生过程和应用过程的倾向，应转变教师教育观念，加强概念、定理、法则、公式等基础知识形成过程的教学。课本中的基础知识对于学生来说是未知的，如果按照问题解决教学模式来设计，把“问题”作为教学的出发点，不直接展示结论，而是设置问题情境提出带有启发性和挑战性的问题，为学生提供动手、动脑的机会，引导他们运用观察、分析、综合、归纳、抽象、概括、类比、猜想等方法去研究、去探索，这样，学生就能在学到具体知识的同时，也学会如何发现问题、分析问题、解决问题，进而掌握知识和技能。问题解决教学模式的操作程序如图 8.10 所示，从中可以看出教师和学生在各个环节中的地位和作用。

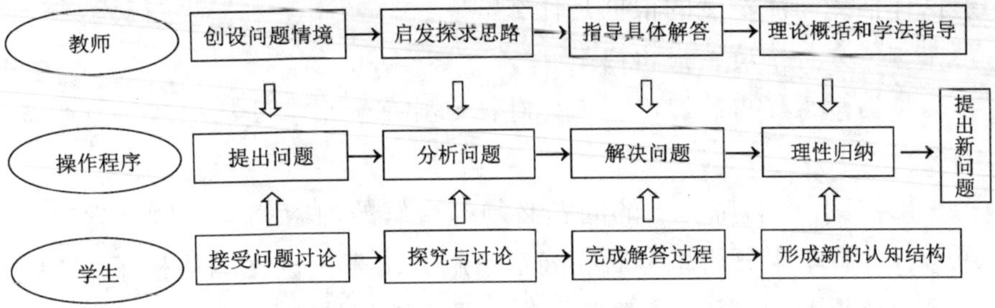

图 8.10　问题解决教学模式的操作程序

① 在“提出问题”阶段，教师设计的问题是关键，它应符合可接受性、障碍性、探索性的原则，让学生有更多自主活动的机会，从而围绕问题解决进行学习。② 在“分析问题”阶段，教师应从观念和方法上启发学生的思路，并针对学生的实际进行分层指导，对于学习困难的学生，可以把问题由大化小，做好引导性铺垫，教师还要组织学生进行必要的交流和讨论，鼓励学生进行独立的探究并在此过程中培养学生的毅力和坚韧不拔的精神。③ 在“解决问题”阶段，教师要适时帮助学生落实解答过程，把能力培养与基础知识教学结合起来。④ 在“理性归纳”阶段，教师要结合问题解决的过程进行学法指导，并引导学生对问题解答的过程进行检验、评价、反馈、论证，进而将其上升为理论，形成新的认知结构。

【案例 2】　“等腰三角形”教学片段

一、创设情境

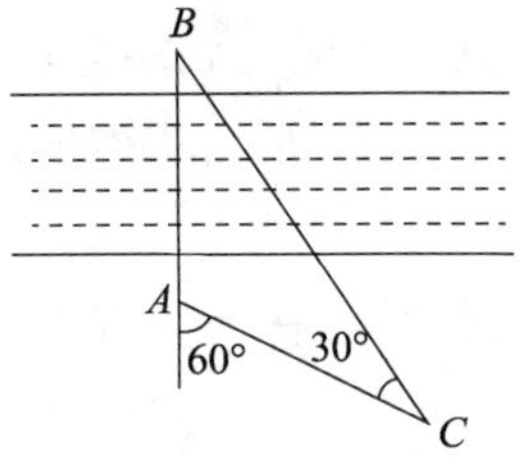

某地质专家为估测一条东西流向河流的宽度，他选择河流北岸的一棵树（点 B）为目标，然后在这棵树的正南方（南岸点 A）插一个小旗作标志，沿南偏东 60°方向走一段距离到点 C 时，测得 $\angle ACB$ 为 30°，这时地质专家测得 AC 的长度就可知河流的宽度。问：地质专家是如何知道河流宽度的？

【评注】　这个问题打破了学生原有的定式思维，引起学生认知结构上的“不平衡”，激发了学生的学习兴趣和求知欲，学生很想知道这样估测河流宽度的根据是什么?

二、分析情境，提出问题

根据学生提出的疑问，不失时机地引导学生学习“等腰三角形的判定”。

【评注】 教师提出的问题必须与讲解的内容相关，值得学生去思考，并且学生分析思考后能够基本解答出来。这犹如摘桃子，“跳一跳，够得着”，既能让学生得到，又不能轻取。这样才能起到启发学生动脑、锻炼思维能力的作用。

三、分析问题，提出假设

在$\triangle ABC$中，若$\angle B=\angle C$，则$AB=AC$吗？师生共同操作：作一个两个角相等的三角形，然后观察两等角所对的边有什么关系？学生思考、讨论、提出假设：在三角形中，有两个角相等，则其所对的边也相等。

(3) 运用问题解决教学模式应注意的问题

在数学教学中使用问题解决教学模式应注意以下几个问题:

① 淡化形式，注重本质。教师要围绕主题，结合开放性的教学问题进行教学，重视解决问题过程中非形式化内容的教学，淡化过分强调形式化内容的教学，要在学生理解数学概念和符号的基础上，使其认识数学概念产生的实际背景，理解数学的本质。

② 教师的问题情境创设要紧紧围绕教学主题，设计的情境和提出的问题要能够引导学生进入学习情境并产生学习的心向，主动获取知识，从而发展能力。

③ 问题的解决要有层次性，以适应学生的个别差异。数学问题的解决策略和方法是多种多样的，解决的层次可以各不相同，教师应根据教学问题解决的层次和学生的实际情况，设计出分层次的教学目标，供不同层次的学生去实现，有效对学生进行分类指导。

④ 问题解决教学模式的运用是关于经验材料的数学组织化、数学知识的逻辑化和数学的实际应用等的教学，这三个过程的有机结合，有利于培养学生的形式逻辑思维，发展学生的直觉思维和辩证思维，特别能有效提高学生分析问题、解决问题的能力。

⑤ 通常，问题解决教学模式传授知识的密度大，科学思想方法渗透多，不利于学生的消化吸收，因此教学中要采取“积极推进，循环上升”的教学方式，逐步展开教学活动，不能急于求成。

4. 探究教学模式

(1) 探究教学模式的产生背景

探究教学的思想渊源可以追溯到20世纪初。当时，著名实用主义教育家杜威针对“脱离儿童生活经验、纯知识灌输”的美国传统教育提出“以儿童为中心、从做中学”的主张。杜威认为，科学教育不仅仅是让学生记忆百科全书式的知识，也是一种过程和方法。他主张，教学应当遵循以下步骤：设置疑难情境、确定问题、提出假设、制定解决问题的方案并实施等。仔细分析这种教学模式便可发现，它与今天所说的科学探究教学有着密切的联系。这种蕴含探究思想的教学模式不仅对美国科学教育产生了深远影响，也为“探究教学”的提出奠定了基础。

20世纪中叶，在美国教育的学科结构运动中，对于应当采用什么方法来教授和学习学科结构，施瓦布在多年研究的基础上，提出了探究式的教学方法。探究教学的提出建立在施瓦布的学科结构观上。在他看来，科学知识不是固定不变的，随着探究方式的更新，它们会不断地被修正。也就是说，学科的结构处于不断的变化之中。在科学技术迅猛发展的今天，这一点表现得更为突出。因此，施瓦布主张：不能把科学知识当作绝对的真理教给学生，而应作为有证据的结论；教学应当呈现学科特有的探究方法，如解决问题、探究、叙事等；教师应当用探究的方式来教授知识，学生也应通过探究活动展开学习，即在学习科学的概念、原理之前，先进行探究活动，再根据自己的探究做出科学的解释。

(2) 探究教学模式的操作程序

从探究教学过程的纵向展开来看，它大体要经过以下六个步骤。

① 提出问题。数学界一直存在这样一个共识，即“问题是数学的心脏”，数学实质上是围绕发现问题和解决问题展开的，因此提出问题对于数学探究有特别重要的意义，它是数学探究教学的第一步，

也是最关键的一步。

② 提出猜想和假说。学生根据已有的知识和经验，提出猜想和假说。

③ 收集证据。首先制订较详细的探究计划，计划中应明确所要收集的证据以及收集证据的方法。然后通过多种途径，比如观测、实验、调查、查阅文献、观看影视录像、个案追踪分析等，收集有价值的证据。

④ 解释。对所收集的证据进行筛选、归类、统计、分析等，并运用已有知识得出符合证据的结论，对问题做出科学的解释。

⑤ 评估。检查和思考探究计划的严密性、证据收集的周密性以及解释的科学性，并对结论的可靠性做出评价。如果结论与假说不吻合，应重新确定探究方向并制定探究方案。

⑥ 交流和推广。通过模型制作、角色扮演、论文写作或举办辩论会或展览等，交流自己的探究结果，在交流过程中，要能够解释探究计划以及自己在探究过程中形成的见解，认真听取他人的意见，并对不同的意见进行讨论。最后将结论运用到不同的情境中。

从探究教学过程的横向展开来看，它的每一个步骤都可以是多种形式的。比如，对于收集证据步骤来说，可以通过观测、实验、调查的形式来收集证据，也可以通过查阅文献来收集证据。探究的具体情况不同，所采用的方式也不同。

（3）运用探究教学模式注意的问题

① 要营造一个有利于探究的教学环境。这个环境包括“硬”环境和“软”环境。前者是指探究教学所需要的物质条件，如仪器设备、教学工具、实验经费、以探究为理念编制的教材和一定的活动空间等。在探究教学中，无论是观察、测量、调查、实验，还是交流、提出假设、建立模型等，都需要借助一定的物质媒介，如果没有一定的物质条件支持，探究教学将难以进行下去。后者是指学校各级管理人员、学生家长和社会各界的支持。从某种意义上讲，这方面显得更为重要。因为各级管理人员一旦认识到探究教学的内涵及优势，就会在人、财、物等方面给予支持，还会在政策上予以倾斜。

② 探究的难度应有一定的梯度。首先，在具体活动的安排上，应遵循由易到难的原则，逐步加大探究力度。以培养学生的科学探究能力为例，探究活动可以考虑如下安排：在初中低年级，主要安排学生做一些观察、测量、绘制图表、收集和处理数据等简单的探究活动，以训练学生进行探究所需要的基本技能，并让其了解探究的基本过程；在低年级后期及中年级初始，可以安排一些指导性探究，甚至单因素的完全探究，以重点训练学生提出问题、通过简单的实验等收集数据、解释数据、提出假设、得出结论等综合性的探究技能，使学生认识探究的内涵；在学生对探究有了一定的认识之后，安排有关控制变量、建立模型、设计实验等难度较大的活动，以发展学生的探究能力。其次，探究活动的数量也应考虑由少到多，使教师和学生都有一个逐步适应的过程，切忌搞“一刀切”。

③ 在强调探究的同时，注意多种教学方法的运用。事实上，灵活多样的教学方法有助于提高教学效率。例如，当学生对某一现象有大量感性经验时，讲授法可能会是一种更恰当的选择。从另一个角度看，探究教学需要花费很多时间，如果所有的内容都采用探究教学法，不仅教学时间不允许，也不一定符合教育的经济性原则。

需要注意的是，以上介绍的几种基本教学模式都不是封闭的系统，随着对教学模式研究的不断深入，每种基本教学模式的内涵都可能不断变化。另外，每种基本教学模式都有其适用范围，只有将不同的模式恰当地加以组合，方能发挥各种基本教学模式的长处。

第三节　我国教育改革实践中形成的数学教学模式

我国广大教育工作者在教学改革实践中提出了各种各样的教学模式，并取得了显著成果。本节重点介绍顾泠沅的“尝试指导—效果回授”教学模式和卢仲衡的“自学辅导”教学模式。

1. “尝试指导—效果回授”教学模式

1977 年，上海市青浦县（现为青浦区）中学高年级的 4 373 名学生参加数学统考，考试题目为初中一、二年级的常见题目，统考结果总平均成绩为11.1分（总分是100分）。如何大面积提高学生成绩，使其达到合格水平，是青浦县教育工作者面临的最棘手问题。全县300多位数学教师在顾泠沅的带领下提出了一个为期10年的教学改革计划。他们通过两年多的教学调查（1977年10月—1980年3月）发现：一是初中阶段是教学的关键时期，于是将70%的时间和精力投向初中阶段；二是教师教学方法陈旧，习惯于“教师讲习题，学生做习题”“教师教公式，学生套公式”的机械式的教和学，死记硬背，于是决定将教学方法改革作为提高教学质量的突破口。接着又经过1年多的经验筛选（1980年4月—1981年8月），探索出一套经验筛选的方法，包括分析和总结优秀的教学经验，多次重复，直至筛选出有效的教学方法，例如：让学生在迫切要求之下进行学习；组织好课堂教学层次（序列）；采用讲授法的同时辅之以“尝试指导”的方法；利用教学效果的反馈信息，及时调节教学。

后来，他们又开展了3年实验研究（1981年9月—1984年8月），整个实验在初中阶段进行，以自然实验法为主，实验班与对照班教师的平均水平相当。“尝试指导—效果回授”教学模式就是教师将教材组织成一定层次，学生在教师的指导下，通过尝试的方法来学习，同时，教师十分注重回授学习效果。这是一种强化所获得的知识和技能的教学策略，它的目标是在达到传授基本知识和基本技能的同时，培养学生参加学习活动和运用知识的能力。

这一教学模式的具体步骤如下：

(1) 创设问题情境，启发诱导

教师根据教材的重点与难点，选择尝试点，将其编成问题。教学过程中，教师先与学生一起对问题进行观察和磋商，逐渐将学生急于解决但仅利用已有的知识和技能却又无法立即解决的情况形成“认知冲突”，激发学生求知欲。教师应积极创设问题情境，使学生在注意力最集中、思维最活跃的状态中进行尝试学习。同时，教师还应当适时对学生的这种心理倾向予以调节和促进，使之保持明确方向并维持一定水平。

（2）探究问题的尝试

这种尝试最重要的是充分发挥学生的学习主动性，改变以往那种被动的、单纯听讲的学习方式。在尝试过程中学生一般可进行以下几项活动：阅读教材或其他有关书籍；重温某些概念和技能；做一些简单的数学实验，对数学问题进行类比、联想或归纳、演绎；通过逐步试验，在讨论和研究中发现新的知识和方法，从而解决所提出的问题。教师则应当拟订适合学生水平的尝试层次，确定“高而可攀”的步子，防止难易失度。

（3）概括结论，纳入知识系统

教师引导学生根据尝试所得，概括出知识和技能的一般结论，然后通过必要的讲解，揭示这些结论在整体中的相互关系和结构上的统一性，从而将其纳入学生的知识系统。

（4）变式练习尝试

在此阶段，教师精心编制一系列由简单到复杂的变式训练题，让学生进行变式练习尝试。编制练习时必须注意：使练习的思维过程具有合适的梯度，逐步增加创造性因素，有时可将一道题目进行适当的引申和变化，并使之与尝试学习过程有机结合起来；题目的组合有利于学生概括各种解题技能和从不同的角度更换解题技能和方法。此外，还可用多种形式给出问题的条件，使学生受到变式训练。

（5）回授效果尝试，组织答疑和讲解

教师搜集与评定学生学习效果的途径是多种多样的，如观察、交谈、提问、课堂巡视、课内练习、作业考查等。教师通过及时回授评定结果，有针对性地组织答疑和讲解。质疑要质在疑处，使研究的问题进一步展开；讲解则是在学生尝试的基础上进行，使研究的问题进一步明确，并通过帮助学生克服思维障碍，对那些不易被学生发现的问题予以适当指点。

（6）阶段教学结果的回授调节

在一个单元或一章、一册教材学完之后，要进行关于教学结果的回授调节，其中以“阶段过关”最为重要。教师应当给掌握阶段内容有困难的学生以第二次学习的机会，帮助其“过关”，将教学细节调节与阶段结果调节结合起来，可以大大改善教学系统的控制性能。

实施“尝试指导—效果回授”教学模式时，必须注意以下几点：① 不要把6个步骤当成固定不变的模式生搬硬套；② 6个步骤中，探究问题的尝试和变式练习尝试是中心环节；③ 兼顾课外活动，除了在课堂教学中注意因材施教，必要时还要加强对个别学生的辅导与帮助。

2.“自学辅导”教学模式

“自学辅导”教学模式是中国科学院心理研究所卢仲衡教授在批判地吸收“程序教学”的基础上提出的。他从1965年开始根据人民教育出版社的课本，贯穿9条有效的学习心理学原则，吸取了我国优秀教师的教学经验，编写出自学辅导教学实验教材。利用这种教材进行学习的形式，被著名心理学家潘菽称为“自学辅导教学”，即这种教学形式是指学生在教师的指导和辅导下自主学习。这种教学既能充分发挥教师的指导作用，又能充分调动学生在学习上的主动性，发展他们的智力。快者可以快学、慢者可以慢学，不同学生的天赋与才能都得到应有的发展。“自学辅导”教学模式的教学原则主要有以下7条：

（1）寓有效学习心理学原理于教材之中的原则

自学辅导教学中，学生的学习主要通过阅读教材进行。自学辅导教材的编写贯彻了9条学习心理学原则，即适当步子原则、当时知道结果原则、铺垫原则、直接揭露本质特征原则、从展开到压缩原则、变式复习原则、按步思维原则、可逆性联想原则、步步有根据原则。

（2）教师指导下以学生自学为主的原则

学生在教师的指导和辅导下以自学为主的教学方式，是把“教”与“学”统一起来的可行途径。在教学中，学是主体，教是为了学。要克服传统教学中学生处于被动地位的弊病，进一步调动学生的学习主动性和积极性，就要强调自学。自学辅导教学必须有教师的正确指导和辅导，绝不是无师自通，这也是自学辅导教学区别于程序教学、个别化教学、成人自学的主要特点。

（3）强动机原则

学习动机是直接推动学生学习活动的内部动力，是任何学习活动不可缺少的心理因素，对于自学尤为重要。学习动机中有两个最重要的成分，即学习的目的性和认知兴趣。学习的目的性不是一下就能明确的，所以在自学开始时，教师要向学生说明培养自学能力的重要性，让学生懂得现在的学习是为了进一步的学习、为了提升自学能力。只有让学生明确自学目的，才能调动他们自学积极性和主动性，激发他们的求知欲和刻苦钻研的精神。认知兴趣往往是在好奇心的基础上不断掌握知识和技能而形成的。学生在小学阶段通常没有自学数学的经历，从初一开始要求自学，会引起他们的好奇心，好奇心是学习动机的萌芽。强动机原则之所以重要，是因为若没有强的动机，学生就有可能不学，这也许比传统的教学效果还要差。因此在自学辅导教学中，教师要先激发学生的学习动机，培养他们的学习兴趣。

（4）班集体与个别化相结合的原则

几个世纪的教育历史证明，班级教育制度是促进集体生活和行为发展的组织形式，进行人格、道德教育的有效形式。学生的自学能力、自学习惯、自学品格也只有在班集体中得到教师的指导、同学的帮助以及同学间的相互影响，才能有效地形成。自学辅导教学模式保留了班集体，刚上课时和快下课前由教师集体指导，课时中间让学生自学、教师进行个别指导，做到班定步调和自定步调相结合。这种模式在强调统一进度、统一要求的前提下，也注重学生的个体差异性，用不同的要求和不同的措施做到快者快学、慢者慢学，不同类型的学生都能得到相应的发展；在强调自学中的独立阅读、独立思考、独立钻研、独立解决问题的同时，也不忽视在此基础上的善于求师、互帮互学。

（5）“启、读、练、知”结合的原则

“启”是指启发诱导，学生在教师的启发指导下自学，教师根据不同的教材设计出不同的启发形式。

① 课题式启发。它是指教师通过直接揭示课题，提出明确的学习要求，引起学生的注意。例如，在讲平面直角坐标系时，先向学生讲解“实数可以用数轴上的点来表示，也就是说，数轴上的点表示的是实数，那么平面上的点是否也能用实数来表示呢？这就是我们今天要

学习的内容……”这种启发开门见山、直截了当。

② 复习式启发。它是指在复习与新知识有关的旧知识时，巧妙而自然地引入所要学习的新内容。例如，在讲解因式分解的平方差公式时，先复习整式乘法的平方差公式 $(a+b)(a-b)=a^2-b^2$，然后利用等式的对称性交换位置，得到 $a^2-b^2=(a+b)(a-b)$，把和变成积。这种启发能够使学生温故而知新，自然而然地完成从旧知识向新知识的过渡。

③ 设问式启发。它是指在讲授新课前，先提出与所要学习的内容有关的疑问，引起学生的好奇心与疑惑，激发学生求解的兴趣和欲望。例如，在学习一次函数的图像时，可以设问“已知一次函数 $y=mx+2-n$（m，n 为常数），它在什么情况下为正比例函数？在什么情况下函数的图像经过原点？在什么情况下函数的图像与直线 $y=\frac{1}{2}x$ 平行？在什么情况下函数的图像经过二、三、四象限？在什么情况下 y 随着 x 的增大而增大？”这种启发类似剥笋抽茧，层层递进，使学生一步步接近问题的核心，最后自己揭开谜底，消除疑问。

④ 发现式启发。它是指教师通过某种形式或多种形式的暗示和启迪，使学生从中发现问题，并得出正确的答案。例如，在讲解一元二次方程根与系数的关系时，可在学生了解一元二次方程后，让学生填空：

方程 $x^2+7x+10=0$ 的解为 $x_1=-5$，$x_2=-2$，则 $\underline{x_1+x_2=-7，x_1 \cdot x_2=10}$；

方程 $x^2-7x+10=0$ 的解为 $x_1=5$，$x_2=2$，则 $\underline{x_1+x_2=7，x_1 \cdot x_2=10}$。

启发学生观察两根的和、两根的积与方程系数的关系，在学生得到初步印象之后，再指出：“今天我们就是要弄清根与系数的关系”，要想弄清根与系数的关系，只有通过阅读教材才能彻底理解。学生便能很快投入认真阅读教材的学习活动。这种启发能够激发学生的发现欲，使学生恍然大悟、茅塞顿开，从而提高学习效率。

⑤ 类比式启发。类比是一种从特殊到一般的推理，比较容易让学生接受。在教学中可以将新知识、新方法与旧知识、旧方法进行比较，从而引入新课。例如，在讲二次根式的加减法时，让学生回忆整

式加减法的实质——合并同类项，然后通过类比，让学生认清二次根式加减法的实质——合并同类二次根式。类比式启发可以把复杂问题简单化，消除学生对新内容的畏难情绪，从而收到事半功倍的学习效果。

⑥ 结合实际问题启发。它通过展示所学内容对社会生产、生活的实用价值引起学生的注意，增强学生的学习责任感。例如，在讲解函数概念时，可以这样引入："同学们都知道我们的身高、体重在变化，气候在变化，地球在运动，社会在发展……总之，一切事物都处在变化过程中，静止、不变是相对的，运动、变化是绝对的。因此，在我们学习数学的过程中，也应该运用运动变化的观点研究数量关系。今天，我们学习数学中反映变量之间关系的重要概念——函数。"这种启发是结合实际问题的启发，能够将比较抽象的数学概念具体化，把理论与实际相结合，做到有的放矢。

启发的方法多种多样；启发的关键是含而不露、引而不发，诱导学生一步一个台阶地向上走；启发的目的是抓住学生对新知识的兴趣点，使学生产生强烈的求知欲。自学辅导教学模式一开始就引起了学生的注意，给学生创造良好的学习氛围，调动学生的学习积极性，培养学生良好的心理素质。

（6）自检与互检相结合的原则

该原则是指学生之间的互检和自检。学生的互检是相互交流、相互启发、相互学习的一种学习方法。学生在互检中处于主动地位，有利于调动学生的学习积极性，也有利于发挥学生的独立思考和创造精神。学生互检也是一种信息交流活动，学生可以从中获得反馈信息，调节和完善自己的观点，并在各种不同解题方法的比较中取长补短，共同提高，加深对知识的理解和掌握，增强记忆，促进学生灵活地运用知识，提高分析问题和解决问题的能力。学生的个体自检不只是简单的判断对错，而是要通过自检培养学生发现问题的能力，培养学生严格要求自己、精益求精的学习态度。

（7）变式复习原则

学生学到的知识和技能是会被遗忘的，因此必须设法巩固它。巩固的主要方法是复习，复习可以分为机械复习和变式复习。自学辅导教学强调变式复习，并把变式复习作为检验、加深理解和巩固知识、技能的原则。教师的提问、答疑，学生做练习、自检等环节都贯穿这一原则。

【思考题】

1. 名词解释：

数学教学模式　认知发展　探究发现　问题解决　启发式

2. 简答题：

（1）简要说明讲授教学模式的思想、步骤及运用注意点。

（2）简要说明启发讨论教学模式的思想及运用注意点。

（3）简要说明问题解决教学模式的思想、步骤及运用注意点。

3. 选择一个数学概念、定理或法则，运用所学的数学教学基本模式进行微格教学设计。

参考文献

[1] 林夏水. 论数学的本质 [J]. 哲学研究，2000 (9)：66-72.

[2] 黄秦安. 我们应该如何认识数学的本质：对林夏水先生“论数学的本质”一文的商榷 [J]. 数学教育学报，2003，12 (3)：37-41.

[3] 米山国藏. 数学的精神 思想和方法 [M]. 毛正中，吴素华，译. 成都：四川教育出版社，1986.

[4] 严士健. 面向21世纪的中国数学教育 [M]. 南京：江苏教育出版社，1994.

[5] 张奠宙，王振辉. 关于数学的学术形态和教育形态：谈“火热的思考”与“冰冷的美丽” [J]. 数学教育学报，2002，11 (2)：1-4.

[6] 任樟辉. 数学思维论 [M]. 南宁：广西教育出版社，1996.

[7] 爱因斯坦. 爱因斯坦文集：第1卷 [M]. 许良英，范岱年，赵中立，等编译. 北京：商务印书馆，1976.

[8] 唐立华. 问题是数学的心脏 [J]. 现代教学，2008 (10)：12.

[9] 曾峥，王光明. 数学课程与评价基本理论及其发展 [M]. 北京：中国工人出版社，2001.

[10] 周春荔，张景斌. 数学学科教育学 [M]. 北京：首都师范大学出版社，2000.

[11] 朱雁，鲍建生. 从“双基”到“四基”：中国数学教育传统的继承与超越 [J]. 课程·教材·教法，2017，37 (1)：62-68.

[12] 钱学森. 关于思维科学 [M]. 上海：上海人民出版社，1986.

[13] 朱智贤，林崇德．思维发展心理学［M］．北京：北京师范大学出版社，1986．

[14] 布鲁纳．教育过程［M］．邵瑞珍，译．北京：文化教育出版社，1982.

[15] 宋晓平．数学课堂学习动力论［M］．南京：南京师范大学出版社，2010.

[16] 王本陆．教学动力研究的现状、问题与思路［J］．教育研究，1992，13（2）：55-62.

[17] 邵瑞珍．教育心理学［M］．上海：上海教育出版社，1988.

[18] 奥苏贝尔．教育心理学［M］．余星南，译．北京：人民教育出版社，1994.

[19] 克劳斯·迈因策尔．复杂性中的思维［M］．曾国屏，译．北京：中央编译出版社，2000.

[20] 埃德加·莫兰．复杂思想：自觉的科学［M］．陈一壮，译．北京：北京大学出版社，2001.

[21] 顾泠沅，易凌峰，聂必凯．寻找中间地带：国际数学教育改革的大趋势［M］．上海：上海教育出版社，2003.

[22] 曹一鸣．数学教学模式［M］．北京：中国文联出版社，2002.

[23] 顾泠沅．教学改革的行动研究［M］．北京：人民教育出版社，2003.

[24] D. A. 格劳斯．数学教与学研究手册［M］．陈昌平，等译．上海：上海教育出版社，1999.